本书出版由萍乡学院特色专业建设项目资助（项目编号：201701）

相关研究获得了国家核电技术公司员工自主创新课题资助（项目编号：SNP–KJ–CX–2013–10）

开源CAE

Introduction and Application of Open Source CAE Software

数值仿真模拟软件介绍与应用

田春来 著

U0272547

江西·南昌

江西科学技术出版社

图书在版编目（ＣＩＰ）数据

开源CAE数值仿真模拟软件介绍与应用 / 田春来著
. -- 南昌：江西科学技术出版社, 2018.5（2021.1重印）
ISBN 978-7-5390-6340-9

Ⅰ. ①开… Ⅱ. ①田… Ⅲ. ①计算机辅助设计 – 应用
软件 Ⅳ. ①TP391.72

中国版本图书馆CIP数据核字(2018)第100409号

国际互联网(Internet)地址：**http://www.jxkjcbs.com**
选题序号：**ZK2018048**
图书代码：**B18038-102**

开源CAE数值仿真模拟软件介绍与应用　　　　　　　　田春来　著

出版 发行	江西科学技术出版社
社址	南昌市蓼洲街2号附1号
	邮编：330009　电话：(0791)86623491　86639342(传真)
印刷	三河市元兴印务有限公司
经销	各地新华书店
开本	787mm×1092mm　1/16
字数	210千字
印张	13
版次	2018年5月第1版　第1次印刷
	2021年1月第1版　第2次印刷
书号	ISBN 978-7-5390-6340-9
定价	48.00元

赣版权登字-03-2018-96

前　言

　　计算机辅助工程(Computer Aided Engineer,CAE)技术是现代设计方法的重要组成部分。其中,面向设计的工程数值计算与仿真分析及先进数值模拟技术是 CAE 技术的核心之一。开源软件是一类采用开放源代码方式、依据开源软件协议发布的软件。在 CAE 工程数值计算与仿真分析方面,现有众多开源 CAE 软件。相比商业 CAE 软件,应用开源软件开展相关工作具有免费和不受用户限制等优势。特别是利用其源代码完全开放,使用者可以实现代码级定制开发,满足自身特色工程应用和理论研究需要。可以认为,开源 CAE 软件为工程数值计算与仿真,及相关先进数值模拟应用技术研究,提供了良好基础。

　　为了有助于推动 CAE 技术及先进数值模拟技术的发展,特别是推广开源软件在 CAE 工程数值模拟与仿真方面的应用,本书全面罗列了当前通用的 30 款开源 CAE 软件,系统地综述了各软件功能特点和技术特色等,并通过示例介绍了各软件基本使用流程,方便读者了解和掌握软件基本使用。

　　本书介绍的软件按功能分类主要包括了 CAD 几何建模(例如 SALOME 和 FreeC-AD)、前后处理及网格划分(例如 Gmsh 和 ParaView)、求解器和科学计算集成软件(例如 Scilab 和 wxMaxima)。其中,求解器主要包括了用于 PDE、CFD 和 FEA 的数值求解程序(例如 OpenFOAM、Code_Aster、deal.II 和 Elmer)。

　　希望通过本书的简要介绍和对各类软件技术特点的综述,能够让更多的读者,特别是 CAE 工程师及相关工程数学仿真、先进数值模拟技术应用研究与基础理论研究人员了解这些开源的 CAE 软件,了解国外在 CAE 技术特别是开源 CAE 软件方面的进展和已有软件成果。以期在此基础上,提高自身研究能力和学术水平,推动国内 CAE 软件产业行业化、自主化发展。

目　录

1　CAELinux ·· 1

2　LibreCAD ·· 8

3　PythonCAD ·· 13

4　SagCAD ··· 18

5　QCAD ··· 23

6　FreeCAD ·· 28

7　Blender ··· 36

8　SALOME ··· 40

9　Gmsh ··· 47

10　enGrid ·· 54

11　Netgen ·· 61

12　Discretizer ·· 68

13　HELYX - OS ··· 74

14　ParaView ··· 78

15　Code_Aster ··· 84

16　CalculiX ·· 88

17　FreeFEM + + ··· 96

18 Impact ·· 100

19 SU2 ··· 105

20 OpenFVM ·· 112

21 Elmer ··· 118

22 deal.II ·· 126

23 Gerris ··· 133

24 OpenFOAM ··· 138

25 Scilab ··· 152

26 Octave ·· 164

27 Maxima/wxMaxima ··· 170

28 OpenModelica ·· 178

29 R/RKWard ··· 188

30 NumPy/SciPy ·· 199

1　CAELinux

为 CAE 量身定制的 Linux 发行版操作系统

1.1　功能与特点

CAELinux 是一款特色的 Linux 发行版操作系统。它致力于 CAE 应用,基于 Linux 操作系统,预先集成并配置了众多已有的开源 CAE 软件或程序包(也包括 CAD/CAM/CFD/FEA/EDA 等)。用户在该操作系统中,可以利用相应软件开展计算机辅助几何建模、网格划分及前处理、仿真计算与分析模拟和后处理及可视化等各种 CAE 工作。

利用已有的前后处理和求解器(例如 Code_Aster,Code–Saturne,OpenFOAM ,Elmer,Calculix 和 Impact 等),可以为多物理场的 CAE 问题提供基于开源软件的解决方案,包括非线性热流固耦合、多体与非线性显式动力学、接触与弹塑性 FEA、计算流体力学、计算传热学和电磁学等。

CAELinux 主要特点概括如下:

(1)基于 Linux 操作系统,集成有众多开源 CAE 软件并已配置完毕,系统安装配置灵活、方便;

(2)支持全面的 CAE 工程应用(包括 CAD/CAM/CFD/FEA/EDA 等);

(3)完全开源,众多 CAE 软件采用 GPL 或 LGPL 协议,为广大 CAE 用户提供了广阔的应用空间;

(4)支持移动存储介质(LiveDVD 或 USB)直接启动运行操作系统;

(5)安装完成的 CAELinux 系统,即可以作为一般桌面操作系统满足日常需要,也可以作为专门的 CAE 工作站;

(6)持续的开发计划,可以确保操作系统及各软件功能始终保持领先。

正是由于 CAELinux 专门集成了众多开源的 CAE 软件,因此,它才可以被称为致力于 CAE 应用的具有特色的 Linux 发行版。借助众多开源 CAE 软件的优势特点,CAELinux 针对 CAE 的功能可以说是强大且全面的。以最新稳定版本 CAELinux 2013 为例,其包含或集成的软件列表及主要功能如表1-1所列。

表1-1 CAELinux 主要集成软件及其功能

应用分类	软件名称	核心功能
CAD 应用	LibreCad	二维 CAD
	SagCad	二维 CAD
	FreeCAD	三维参数化 CAD/前处理
	Salome	三维 CAD/前后处理
	Blender	三维建模
	OpenSCAD	三维 CAD
CAM 应用	PyCAM	CAM
	GCAM	CAM G 代码生成
	Dxf2Gcode	G 代码生成
	Inkscape Gcodetools	G 代码生成
	Cura	3D 打印
CAE 前后处理	Salome Meca	前后处理集成平台
	GMSH	前后处理集成工具
	Netgen	通用网格划分及前处理
	Tetgen	通用网格划分及前处理
	ElmerGUI	Elmer 求解器用户界面
	enGrid	非结构化网格划分
	Meshlab	三角形网格划分
	Helyx - OS	用于 OpenFOAM 的前处理窗体
	Discretizer/::Setup	用于 OpenFOAM 的前处理窗体
	Paraview 3.10	后处理可视化软件
CAE 求解器	Code_Aster	多物理场 FEM 求解器
	Elmer	多物理场 FEM 求解器
	Calculix	多物理场 FEM 求解器及前处理工具
	Impact FEM	显式 FEM 动力学求解器
	OpenFOAM	CFD 求解器
	Code - Saturne	CFD 求解器
	Gerris flow solver	CFD 求解器
多体动力学	MBDyn	多体动力学求解器

续表

应用分类	软件名称	核心功能
电子	Kicad	PCB 设计
	gEDA suite	电子电路、PCB 设计
	PCB Dsigner	PCB 设计
科学计算	Octave	数值计算及编程工具箱(类似 Matlab)
	Scilab	数值计算、编程及仿真工具箱(类似 Matlab)
	wxMaxima	数学符号计算工具箱(类似 Maple)
	Rkward	数学建模与统计分析工具箱(类似 SPSS)
	Python Scipy	Python 的科学与数值计算库
	Gnuplot	科学绘图工具
	Amazon EZ2 Cloud	云计算基础工具箱(地区限制)

从表 1-1 中可以看到,CAELinx 为用户集成了众多的开源 CAE 软件,这些软件不仅功能全面,而且各有特点和优势。利用其中单独的软件或多个软件配合使用,可以完成大量的 CAE 工作,满足不同用户、不同方面、不同层次的需求。因此,在这里我们首先介绍了 CAELinux。由于软件众多、技术条件限制等各种原因,CAELinux 并没有试图包含全部的开源 CAE 软件。用户还可以选择很多其他具有特色的开源 CAE 软件,例如后面将介绍的 Blender 和 Open Modelica 等,或是基于现有的开源程序库,或是开发满足自身特殊需要的软件。

通过以上我们可以看到,不论是否采用 CAELinux 及其已带有的众多软件,还是用户自己定制安装所需要的软件,都可以实现 CAE 的工作应用。现有的开源 CAE 软件具备了完整的工具链。正如开篇所述,尽管使用开源 CAE 软件及相应的技术进行工作还存在这样或那样不足,但是,与商业 CAE 软件相比,使用开源 CAE 软件及开展相应技术研究工作是具有显著优势的。

综上所述,CAELinux 作为具有特色的 Linux 发行版操作系统,通过预先集成和配置好众多的开源 CAE 软件,极大地方便了用户入门、使用,在功能上得到了进一步提高,并且在一定程度上推动了开源 CAE 软件的应用和普及。

1.2　起源与发展

CAELinux 自 2005 年起开始发布,开发起初主要是为了集成应用开源 CAE 软件 SA-

LOME 和 Code_Aster。随着开发深入,开发团队为了满足更广泛的 CAE 用户需求,于是将 Linux 操作系统移植到新平台下,并集成了众多现有的开源 CAE 软件,逐渐形成了具有功能规模的开源 CAE 应用软件平台,最终将其作为一款特色的 Linux 发行版操作系统发布,并持续保持维护和更新。

CAELinux 最新稳定版本为 CAELinux 2013,于 2014 年 3 月 9 日发布,基于 Xbuntu 12.04 LTS 64 位操作系统。各历史版本信息如表 1 - 2 所列。

表 1 - 2 CAELinux 发布历史

版本	发行时间	基础系统
CAELinux 2013	2014 年 3 月 9 日	Xubuntu 12.04 LTS 64 位
CAELinux 2011	2011 年 10 月	Ubuntu 10.04.3 LTS 64 位
CAELinux 2010	2010 年 9 月	Ubuntu 10.04 LTS 64 位
CAELinux 2009	2009 年 6 月	Ubuntu 8.04 LTS 64 位
CAELinux 2008	2008 年 4 月	PCLinuxOS 2007
CAELinux 2007	2007 年 4 月 13 日	PCLinuxOS 2007
CAELinux Beta 3b	2007 年 4 月	PCLinuxOS P.93
CAELinux Beta 3a	2006 年 4 月	PCLinuxOS P.92
CAElinux Beta 1	2005 年 10 月	PCLinuxOS P.91

1.3　安装

CAELinux 是一款基于 Xbuntu/Ubuntu 操作系统的 Linux 发行版操作系统。因此,依照 Xbuntu/Ubuntu 操作系统的安装步骤,即可完成 CAELinux 系统安装。具体步骤包括:

(1)获取 CAELinux 操作系统安装文件。通过在线资源下载操作系统安装文件(ISO 镜像文件)到本机。可以利用检验文件的 MD5 信息,确保下载文件完整和正确。

(2)刻录操作系统镜像文件光盘或创建系统安装 USB。使用光盘刻录软件将镜像文件采用镜像刻录方式,刻录到 DVD 光盘中,制作操作系统安装光盘;或者使用 USB 启动盘制作软件,利用 ISO 镜像文件创建操作系统启动 USB。

(3)使用系统安装光盘或系统安装 USB 启动计算机。插入光盘或 USB,选择使用光盘或 USB 启动计算机(必要时需要修改计算机 BIOS 启动选项)。

(4)通过 CAELinux 启动计算机后,进入操作系统安装用户界面,依据提示进行后续安装操作。具体安装操作可以参考在线资源的 CAELinux 安装说明和 Ubuntu 安装手册及步骤教程。

（5）根据 CAELinux 安装说明，由于预先配置了大量的 CAE 软件，因此，建议硬盘安装 CAELinux 时，主分区至少需要 20 Gb 的硬盘空间。对于内存配置较低的用户，建议设置 4 Gb 的交换分区（Linux Swap）。

（6）安装完成后，系统重新启动即可进入操作系统及 Xfce 桌面环境。

在第四步计算机启动后，进入操作系统安装用户界面，用户此时可以选择试用操作系统。在试用操作系统过程中，用户也可以完成一些基本的 CAE 操作和应用。

另外，对于预先已安装有其他操作系统的计算机，通过安装过程的选择可以实现多操作系统的并存。需要提醒的是，操作系统安装是一项风险较大的操作，建议一般用户仔细阅读在线的安装说明，事先备份，谨慎操作。

1.4 开始使用

CAELinux 支持移动存储介质运行，即可以通过 LiveDVD 或 USB 启动计算机，并直接运行操作系统和相应软件，不需要完整的安装操作系统。用户可以尝试体验一下。

以完整安装的 CAELinux 2013 使用为例。系统启动后，进入桌面环境。如图 1-1 所示。由于 CAELinux 2013 以 Xbuntu 12.04 为基础，采用了 Xfce 4 桌面环境。Xfce 是一种开源的 Linux 桌面环境，具有快速、轻量、美观和方便交互使用的特点，其使用率仅次于 KDE（如 Kubuntu）与 GNOME（如 Ubuntu）。通过点击应用菜单（Application），可以看到当前系统已经安装了众多的 CAE 软件。通过点击各种菜单及快捷方式就可以启动相应软件。

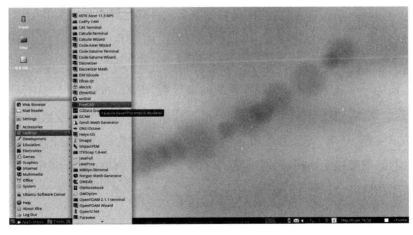

图 1-1　CAELinux 2013 Xfce 桌面环境

在 CAELinux 系统中,可以根据用户喜好轻松的自定义各种桌面物项,包括任务栏、菜单栏和快捷工具栏的位置、布局、大小和内容等。与系统安装默认的桌面环境相比,图1-1 所示的桌面隐藏了快捷工具栏,将任务栏和菜单栏合并放在了桌面的底部,桌面背景也做了调整。

通过文件浏览器进入/opt 目录,可以看到预先安装的各种软件,如图1-2 所示。目录中包括了 OpenFOAM,Calculix,Elmer,Aster,Satume,Salome - Meca,Impact 和 Tetgen 等。另外,还有一些其他的软件或程序安装在其他位置,通过查找方式可以找到相关的程序或命令。

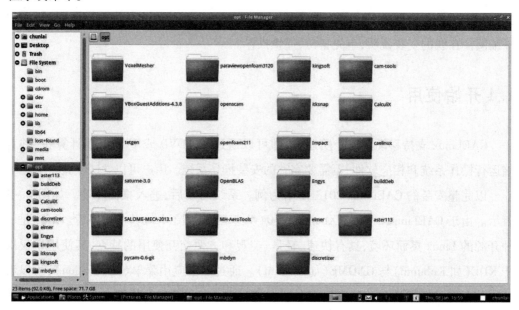

图1-2　CAELinux 2013 /opt 目录

安装 CAELinux 后可以发现,前面提到的众多软件均已经自动安装和配置完成,用户可以直接的使用。这也大大提高了用户使用便捷性,体现了 CAELinux 致力于 CAE 的显著特色。

另外,作为一个基于 Xubuntu 操作系统的发行版,CAELinux 也同样具有原操作系统的各种功能。例如,通过 Ubuntu 软件中心,可以搜索、安装和卸载各种软件,也可以使用 apt - get 方式更新、获取、安装和配置各种软件。同时,作为一个独立的操作系统,还具有了文本编辑、图像视频处理、网络浏览、文件资源管理、硬件配置管理和用户管理等各种功能,基本能够满足日常工作需要。

1.5　在线资源

http：//sourceforge. net/projects/caelinux

http：//www. caelinux. com

http：//www. caelinux. org

http：//xubuntu. org

https：//help. ubuntu. com/community/GraphicalInstall

http：//www. ubuntu. com

2　LibreCAD

二维 CAD 软件

2.1　功能与特点

LibreCAD 是一款二维 CAD 应用软件。该软件支持绝大多数操作系统,主要包括 Microsoft Windows, Mac OS X 和 Linux(Debian, Ubuntu, Fedora, Mandriva, FreeBSD 和 SUSE 等),并可提供近 20 多种用户界面语言支持。

LibreCAD 是具有全面的二维 CAD 功能,具体包括:

(1)支持二维 CAD 设计,包括基本几何图形绘制、标注和约束等;

(2)支持库文件调用、绘图块操作和图层操作;

(3)支持 DXF 格式数据文件交换;

(4)支持导入 raw 几何数据文件;

(5)支持输出 PDF 文件和外部打印机;

(6)支持用户界面自定义;

(7)支持中文字体。

主要特点包括:

(1)采用 GPLv2;

(2)支持大多数语言环境,并持续开发;

(3)具有跨平台版本,支持绝大多数操作系统。

2.2　起源与发展

追溯起源,LibreCAD 最早作为 QCad 开源的社区版本,用于补充 QCad 的 CAM 功能。随着 QCad 从 Qt3 平台移植到 Qt4 平台,LibreCAD 的前身 CADuntu 开发完成。不久,CADuntu 更名为 LibreCAD,并于 2011 年 12 月正式发布了 1.0 版。随着开发的持续,在 2.0

以上版本的 LibreCAD 已经完全实现了在 Qt4 平台的移植。

目前,LibreCAD 软件最新版本是 2.0.7(2015 年 1 月 3 日)。开发团队正在向 Qt5 移植软件。

2.3　安装

以 Ubuntu 系统安装 LibreCAD 为例。通过系统软件中心(Ubuntu Software Center)搜索 LibreCAD,可以方便地进行安装自动配置(如图 2 - 1 所示)。

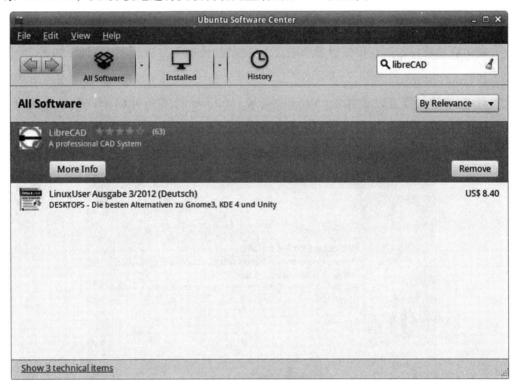

图 2 - 1　软件中心安装

另外,通过 apt - get install 方式也可完成软件安装。采用该 apt - get 安装方式时,需先安装完成 Qt4 及其依赖软件。具体是在终端执行:

```
$ sudo apt - get install g + + gcc make git - core libqt4 - dev qt4 - qmake libqt4 -
help qt4 - dev - tools libboost - all - dev libmuparser - dev libfreetype6 - dev pkg -
config
```

Qt4 安装完成后,在终端执行安装 LibreCAD:

```
$ sudo apt − getinstall build − dep librecad
```

其他 Linux 平台可以下载软件源代码后进行编译安装。对于 Microsoft Windows 和 Mac OS X 等平台,可以通过在线资源下载相应安装文件进行安装,例如 2. 0. 7 版本软件的 Windows 安装包名称为"LibreCAD − Installer − 2. 0. 7. exe"。

2.4　开始使用

软件安装和配置完成后,通过菜单或终端命令(librecad)即可启动软件。

初次启动软件需进行单位设置和语言支持配置,根据需要进行相应配置(如图 2 − 2 所示)。

其中,单位设置可以选择米(Meter)、毫米(Millimeter)和英寸(Inch)等各种单位。此处单位是指绘制图形所使用单位。通过选择 GUI Language 选择用户界面语言。选择中文后,则可以使用中文界面及菜单和对话框等。

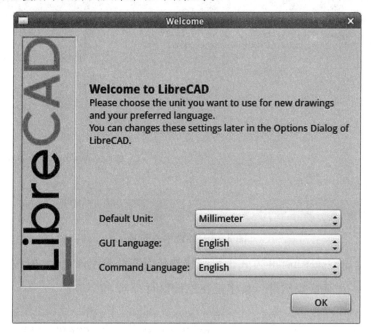

图 2 − 2　初始设置

初始设置完成后,点击 OK 按钮,即可进入 LibreCAD 用户主界面(如图 2 − 3 所示)。中部白色背景区域为绘图区域,该区域颜色可以通过自定义选项进行修改定制。默认状态下绘图区域背景为黑色。为了提高图片印刷效果,采用白色绘图背景。

图 2 - 3 LibreCAD 用户主界面

主界面上部为标题栏和菜单栏,主要菜单项包括文件、编辑、视图、选择、绘图、标注、修改、信息、图层、块、窗口和帮助菜单。各菜单点击后会出现下拉菜单及二级菜单,用户可以自行尝试。

主界面菜单栏下部为图标菜单栏,左侧为绘图功能区,右侧辅助面板区。其中,绘图功能区显示了图形绘制菜单,可以通过鼠标相应图标实现图形绘制功能,例如绘制直线、矩形、曲线、标注和文字添加等。

辅助面板区显示了图层列表和块列表面板。通过面板可以灵活的增加、删除和修改图层和块,并且通过点击行前端的眼睛图标,可以隐藏或显示目标图层或块,方便用户操作和选择。

绘图区域下部为命令提示和命令输入区。命令提示区显示了当前操作对应的命令内容。在命令输入区,通过输入相应命令,可以实现绘图等其他功能。界面最下部为动态显示区,分别显示了鼠标位置坐标、图形选择属性和对象信息等,用于辅助用户使用软件。

用户可以随意绘制图形,并输入文字符号等。通过图层颜色修改,可以修改相应颜色。图形和文字绘制示例如图 2 - 4 所示。

为了提高用户绘图效率,LibreCAD 提供了方便的库操作(Library)和块操作(Block)。对于常用的图形,通过保存实现了库或块文件设计协同共享和快速复制的作用。使用时,用户可以直接从目录中调用库或块文件,直接插入当前图形文档,即可实现调用和显示。如有必要,还可以进行进一步编辑和修改(如图 2 - 5 所示)。

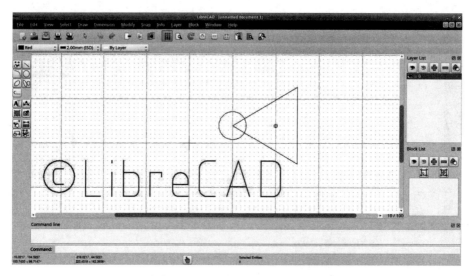

图 2 - 4　LibreCAD 图形与文本绘制

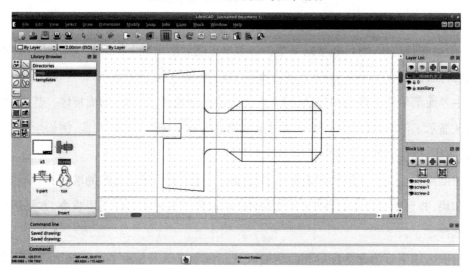

图 2 - 5　LibreCAD 库和块文件的使用

2.5　在线资源

http：//librecad. org

http：//wiki. librecad. org

https：//github. com/LibreCAD/LibreCAD

http：//sourceforge. net/projects/librecad

http：//en. wikipedia. org/wiki/LibreCAD

3 PythonCAD

二维 CAD 软件

3.1 功能与特点

PythonCAD 也称为 PyCAD,是一款基于 Python 开发的 CAD 二维绘图程序,使用 PyQT(R38 版后)或 PyGTK(R37 版本之前)。根据 Python 和 PyQT 基础运行情况,PythonCAD 支持跨操作系统平台。

开发团队以实现商业 CAD 软件的基本功能为开发目标,使得 PythonCAD 具备了 CAD 基本功能包括:

(1)二维 CAD 基本绘图功能,包括点、直线,圆弧、曲线、矩形、多边形的绘制,添加尺寸标注和文字注释;

(2)支持图层操作;

(3)支持绘图风格自定义和分组;

(4)支持 xml 格式文件存储;

(5)支持命令行脚本操作。

软件的主要特点:

(1)体积轻小,采用 GPLv2;

(2)采用 xml 格式作为几何图形文件存储格式;

(3)基于 Python 和 PyQT/PyGTK 开发。

目前,PythonCAD 开发团队仍在继续开发,从 R38 版本开始采用 PyQT 开发,不仅提高了界面显示和操作的效率,而且程序稳定性更高。随着开发的进一步深入,PythonCAD 功能也在不断地完善。

3.2 起源与发展

开发 PythonCAD 软件的目的是为了建立一个可脚本化的开源 CAD 绘图工具,实现商业 CAD 软件的基本功能。主要用于 Linux 和 BSD Unix。由 Art Haas 组织开发的 PythonCAD 项目自 2002 年 7 月开始,在 2002 年 12 月首次发布软件。随着开发的深入,2007 年 5 月 12 日,开发组发布了 PythonCAD R36。目前,最新发布的版本是 R38 PyQT Pre Alfa(2012 年 3 月)。软件开发也在持续进行中。

3.3 安装

以 Ubuntu 为例,通过 Ubuntu 软件中心搜索 pycad 或 pythoncad,然后安装 PyCAD 软件即可实现软件安装和自动配置(如图 3 – 1)。

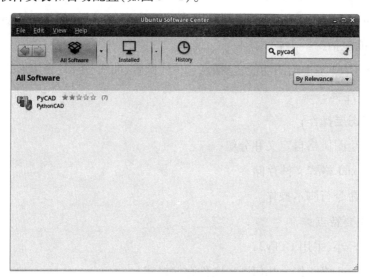

图 3 – 1 软件中心安装 PythonCAD

另外,通过 apt – get install 方式也可完成软件安装。采用该安装方式时,需先安装完成 PyQT 或 PyGTK。对于 PyQT,需要在终端执行:

```
$  sudo apt – get install libxext6 libxext – dev libqt4 – dev libqt4 – gui qt4 – dev –
tools qt4 – doc qt4 – designer qt4 – qtconfig python – qt4
```

对于 PyGTK,需要在终端执行:

```
$ sudo apt – get install python – gtk2
```

通过 apt – get 方式安装 PythonCAD,在终端执行:

```
$ sudo apt – get install pythoncad
```

目前,开发者也提供了 Windows 系统下的安装包版本,从在线资源即可下载 R37 和 R38 版本的程序安装包。

由于 PythonCAD 是基于 python 程序开发的软件,因此,对于一般通用操作系统,均可以通过代码进行安装。以 R38 为例,其基本过程:首先,安装 python 环境(需要 python 2.6 以上版本),然后,安装 Sympy 和 PyQT,最后,执行安装脚本(命令行执行 python py-thoncad_qt.py)。具体可以参考程序安装包中的 INSTALL 和 README 文件说明,并按照步骤逐步安装。

3.4　开始使用

安装完成后,通过工具栏菜单或终端执行 pythoncad,即可启动程序。启动完成后的程序主界面如图 3 – 2 所示。PythonCAD 主界面包括标题栏、菜单栏、绘图区、图层面板和命令输入区。顶部的标题栏显示了当前文档的名称和路径地址。

图 3 – 2　PythonCAD 主界面

　　菜单栏采用下拉菜单方式,包括文件、编辑、绘图、修改、显示、捕捉、标注和帮助菜单。通过绘图菜单可以实现基本几何图形的绘制、图层及文本的编辑操作,通过标注菜单可以完成尺寸标注,通过捕捉菜单相关命令可以满足相关捕捉要求。利用修改菜单,可以实现图形的移动、拉伸、剪切、镜像、缩放、旋转和修改风格等操作,利用视图菜单可以修改绘图区的视图,包括视图的放大、缩小、平移和自适应视图等。

　　绘图区是主要的绘图显示和图形视图区域。支持鼠标交互操作,功能如下:

　　左键单击:实现选择、绘图。

　　中键滚轮滚动:实现视图的放大和缩小。

　　右键单击移动:实现视图的水平移动。

　　图层面板用于显示图层信息,可以通过图层面板修改和增加图层。命令输入区的文本框用于输入交互信息和脚本命令。文本框右侧的两组数字则显示当前鼠标位置坐标,以绘图区左下角为坐标原点(0,0)位置。

　　绘制简单的图形和文本,如图 3 - 3 所示。

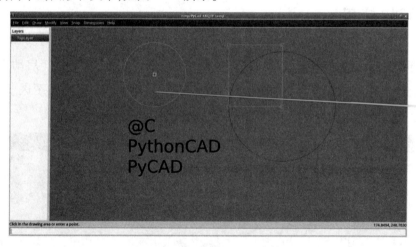

图 3 - 3　PythonCAD 绘图示例

　　通过选型设定,可以设定绘图尺寸单位、自定义界面显示、捕捉和绘图风格等各种选型(如图 3 - 4 所示)。

　　为了适应印刷可视化效果,本节所用示例的绘图区背景被设定为一定灰度,默认初始状态的绘图区背景为黑色。

　　自定义标注选项如图 3 - 5 所示。可以通过选项卡,修改主要标注尺寸的单位和文字字体属性。其中,文字字体属性包括字体、风格、宽度、位置(对应尺寸标准线)、字符大小和颜色等,还可以设置标注数字显示格式,设定浮点数或小数位数等。

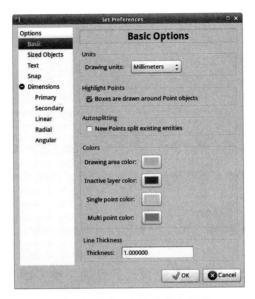

图 3 - 4　PythonCAD 选项自定义

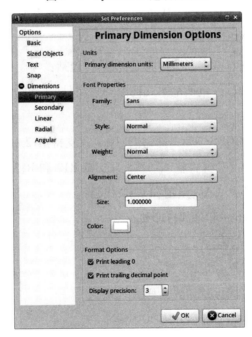

图 3 - 5　PythonCAD 自定义标注

3.5　在线资源

http：//sourceforge. net/projects/pythoncad

http：//www. pythoncad. org

4 SagCAD

二维 CAD/CAM 软件

4.1 功能与特点

SagCAD 是一款为 X Window 系统设计开发的二维 CAD/CAM 软件。SagCAD 以 GTK 库为基础,支持 Linux 系统和 Windows 系统。

该软件不仅具有基本的二维 CAD 绘图和设计功能,还支持从绘图或 CAD 文件直接设定 CAM 参数,生成 CNC 代码。

SagCAD 在二维 CAD/CAM 方面功能完备,具体包括:

(1)支持二维 CAD 设计,包括基本几何图形绘制、标注和约束等;

(2)支持图层操作;

(3)支持 SGY/DXF/IGES/NC 文件输出(DXF 只支持 R12 和 R13 版本);

(4)支持 SGY/DXF/ NC 文件输入(DXF 只支持 R12 和 R13 版本);

(5)支持绘图直接生产 CAM 设定和 CNC 代码;

(6)支持输出 PostScript 和外部打印机。

主要特点包括:

(1)采用 GPLv2;

(2)采用完全工具栏图标按钮界面样式;

(3)具有 CAM 功能,可直接生产 CNC 代码;

(4)支持 X Windows 系统。

4.2 起源与发展

SagCAD 软件使用 C 语言开发,最初公开发布于 2003 年。软件版权属于 Yutaka Sagiya(Sagiya Metal Mold Factory, Inc.）。根据安装文件包内文件描述,SagCAD 软件作者于 1998 年开始了软件的开发。

目前，在线资源提供的最新版本为 0.9.14(2009 年 4 月 27 日)。

4.3　安装

针对 Ubuntu 系统，通过 Ubuntu 软件中心可以方便地安装和配置 SagCAD 软件。首先进入软件中心，搜索 sagcad，如图 4 – 1 所示。然后点击安装(Install)即可自动完成安装和配置。

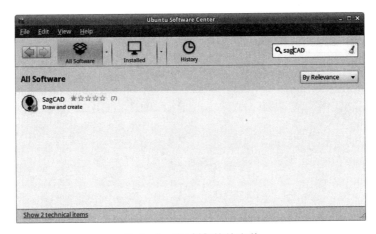

图 4 – 1　SagCAD 软件安装

另外，通过 apt – get install 方式也可完成软件安装。具体是在终端执行：

```
$ sudo apt – get install sagcad sagcad – doc
```

对于其他系统，也可以通过在线资源下载程序代码，通过编译方式也可完成软件安装。首先通过在线资源下载 sagcad – x.x.x.src.tar.gz 文件(其中 x.x.x 为软件版本代号)，然后在同一目录下在终端执行如下命令，完成编译安装。编译安装过程中可能需要权限许可或使用管理员权限。

```
$ tar xzvf sagcad – x.x.x.src.tar.gz
$ cd sagcad – x.x.x
$ ./configure
$ make
$ make install
```

4.4 开始使用

安装完成后,即可使用软件。通过菜单或终端输入命令 sagcad 即可启动软件。软件启动后进入主界面,如图 4 – 2 所示。

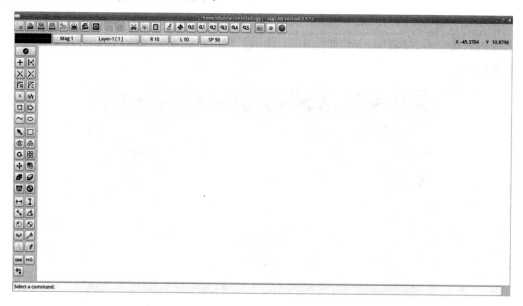

图 4 – 2 SagCAD 主界面

主界面主要包括绘图区、标题栏、工具栏和信息栏。与其他类似的小型 CAD 软件相比,SagCAD 主界面全部采用工具栏方式,功能均体现在工具按钮上,界面更加简洁,操作更加快捷。

如图 4 – 2 所示,中间大面积的白色背景区域为绘图区,用于图形绘制和显示。顶部为标题栏,底部为功能信息和操作提示栏。

绘图区的上部和左侧均为工具栏。工具栏按照工具功能可分三类。第一类为绘图区上部的文件和视图操作等系统功能按钮,主要功能包括文件保存、打开、另存为、打印和退出,剪切、复制和粘贴,撤销和重做,以及视图缩放、平移、视图选择,环境选项设定、版本信息和帮助等。

第二类为样式选择和设定按钮,在文件和视图按钮下部一行。用于设定图线的颜色、线型,选择和编辑图层,设定常用变量半径 R、长度 L 和鼠标滚轮滚动尺寸间距 SP。该行按钮的最右侧动态地显示了鼠标当前的坐标信息,坐标以绘图区中心为原点。

第三类为绘图工具按钮,固定布置在绘图区的左侧。用户通过绘制点和线的方式绘制基本图形,具体功能包括绘制点、连续的线、圆和曲线。用户可以通过直接输入参数的方式绘制基本图形。编辑图形功能包括复制、镜像和阵列,图层功能包括复制和移动,标注功能包括竖直、水平标注,角度和圆及圆弧标注,以及添加和修改文字说明,另外还包括 CAM 参数设定和 NC 代码设定等功能。

SagCAD 绘图区鼠标交换操作方法如下:

左键单击:选择。

右键单击:取消前一步操作。

中键单击拖动:实现视图的水平移动。

中键滚轮滚动:实现视图的放大和缩小。

示例绘制简单的图形和文字,如图 4 – 3 所示。为了满足可视化印刷效果要求,本节界面绘图区背景选择为白色,软件默认绘图区背景为黑色。

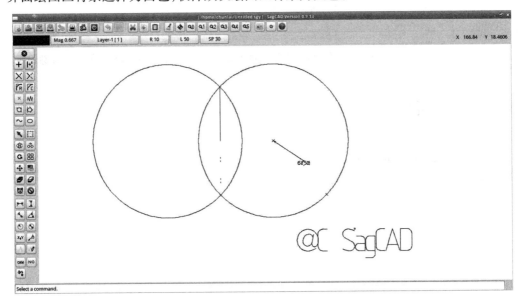

图 4 – 3　SagCAD 绘图示例

通过环境设定按钮,可以打开环境选项设定对话框,如图 4 – 4 所示。从对话框可知,软件灵活的设计可以实现大量的用户自定义,主要包括用户路径、系统默认参数、标准类型与样式、系统视图颜色和图线颜色等。

SagCAD 的一项特色是自带了 CAM/NC 功能。通过用户绘制的图形,设定 CAM 参数,即可实现 NC 代码的自动生成。通过单击左侧工具栏底部的 CAM 按钮,选择加工起始点和终点后,即可打开 CAM 参数设定对话框,如图 4 – 5 所示。主要内容包括 ABS/G90(绝对尺寸)或 INC/G91(增量尺寸),圆弧指令 R 或 IJ 等 NC 代码设定,并可以读取外部 NC 文件或写入保存文件。

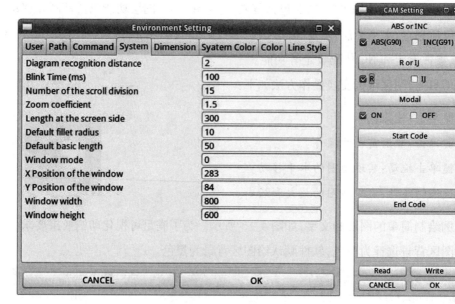

图 4 - 4　SagCAD 环境选项设定　　　图 4 - 5　SagCAD CAM 参数设定

4.5　在线资源

http：//sagcad. sourceforge. jp

http：//sourceforge. jp/projects/sagcad

5 QCAD

二维 CAD 软件

5.1 功能与特点

QCAD 是一款具有综合全面二维 CAD 功能的开源软件,可以用于机械制图、建筑绘图和其他二维图形的精确绘制。该软件基于 Qt 架构平台开发,支持 Microsoft Windows,Mac OS X 和 Linux 操作系统。

QCAD 根据用户自行选择,分为社区版(Community)和专业版(Pro)。其中,专业版需要通过网络商店付费购买。与社区版区别在于,专业版包含专业插件以实现某些额外的功能,这些插件和功能可以通过付费购买方式进行激活。

QCAD 具体功能包括:

(1)支持二维 CAD 设计,包括基本几何图形绘制、标注和约束等;

(2)支持绘图块(分组)操作和图层操作;

(3)支持 DXF R15 格式文件(专业版支持 DWG R27、DXF R27 及之前全部格式文件);

(4)支持导入 SVG 文件(专业版支持输出 SVG 文件);

(5)支持输出 PDF 文件和外部打印机(专业版支持多页输出 PDF 文件);

(6)内嵌 35 种 CAD 字体,支持 TrueType 字体;

(7)支持多种图形对象选择方式(专业版支持依据类型和属性选择对象);

(8)支持基于 XML 格式的 CAD 图形合并(专业版支持批处理转换);

(9)支持多语言用户界面。

主要特点包括:

(1)采用 GPLv3,并根据需要和功能区分为社区版和专业版;

(2)包含众多 CAD 零件库;

(3)支持高效、强大、全面的 ECMAScript 脚本处理接口;

(4)支持多操作系统；

(5)具有多种语言的帮助和使用文档。

5.2　起源与发展

QCAD V1 发布于 1999 年 10 月(Ribbonsoft),V2 发布于 2003 年 9 月,V3 版本发布于 2012 年 7 月。当前稳定版本为 3.7,最新为 3.7.5(2014 年 12 月)。

5.3　安装

通过在线资源所列的 QCAD 网站,根据当前操作系统类型,下载 QCAD 软件安装文件包。

以 Linux/Ubuntu 64 位操作系统为例,下载 qcad – 3.7.5 – linux – x86_64. run 至本机用户目录。首先确认当前用户有执行 qcad – 3.7.5 – linux – x86_64. run 文件的权限,如没有,则需要修改文件权限,然后再在目录中运行终端命令开始安装:

```
$  sudo chmod a + x qcad – 3.7.5 – linux – x86_64. run
$  ./qcad – 3.7.5 – linux – x86_64. run
```

其他版本安装请参看安装文件包中的安装说明文档。

5.4　开始使用

通过桌面 QCAD 启动快捷方式、工具菜单栏或终端命令执行 qcad 即可启动 QCAD 软件。初次启动,QCAD 需要设定基本选项,如图 5 – 1 所示。用户根据使用习惯设定包括界面语言、单位、默认图纸尺寸、小数点样式和背景颜色等。

启动完成后,进入 QCAD 主界面,如图 5 – 2 所示。从图中可以看到,该界面与 LibreCAD 等其他 CAD 软件十分相似,采用了通用的界面布局和框架结构。

主界面包括顶部标题栏和菜单栏,中部白色背景的大面积区域的绘图区以及可浮动和自定义的工具栏。绘图区上部工具栏主要为文件系统工具和视图工具,左侧工具栏则主要为绘图工具,其中带有右下三角的工具栏按钮说明该工具包含有二级工具栏。通过绘图工具即可实现点、线和面的绘制,以及标注、文字、面等其他基本图形的绘制。

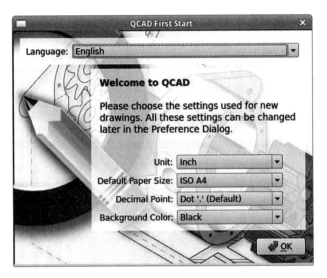

图 5 - 1　QCAD 初始设定

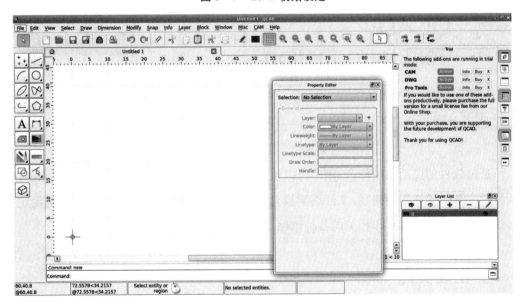

图 5 - 2　QCAD 主界面

主界面中间出现了一个浮动面板,称为属性编辑器面板。属性编辑器面板体现了当前选择对象的属性,可以通过属性编辑器面板直接修改对象属性,包括图层、颜色、样式类型等。移动面板可以将其固定在顶部或侧边区域。

如图 5 - 2 所示的默认情况下,主界面右侧包括两个面板。上部为插件列表面板,其中列出 CAM、DWG 和 Pro Tools 三个插件。这三个插件需要在 QCAD 的在线商店购买并激活才可运行。下部为图层面板,其中列出了当前绘图文件包含的全部图层,可以通过眼睛按钮实现隐藏和显示图层,也可以通过其他按钮实现图层的增加和删除,以及修改等操作。对于复杂的 CAD 绘图,使用图层管理和绘制图形是一个高效的基本工作方法。

回到绘图区,在绘图区上边和左边各有一组标尺,可以帮助用户掌握图形尺寸。在绘图区下部有命令行交互文本框,可以显示工具命令交互信息,也可以输入脚本命令执行绘图操作。

绘制简单的图形和文字如图 5 - 3 所示。

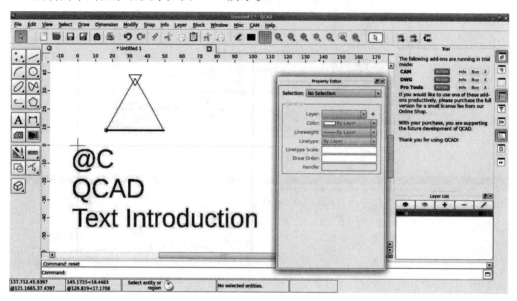

图 5 - 3　QCAD 绘图示例

通过软件的应用选项修改,用户可以根据需要自定义各种选项,如图 5 - 4 所示。选项修改主要包括通用的路径,文件编辑操作,界面、绘图颜色,界面语言,图层功能设定,自动保存功能和输出打印相关的各种选项。

5.5　在线资源

http://www.qcad.org

https://github.com/qcad/qcad

http://www.ribbonsoft.com

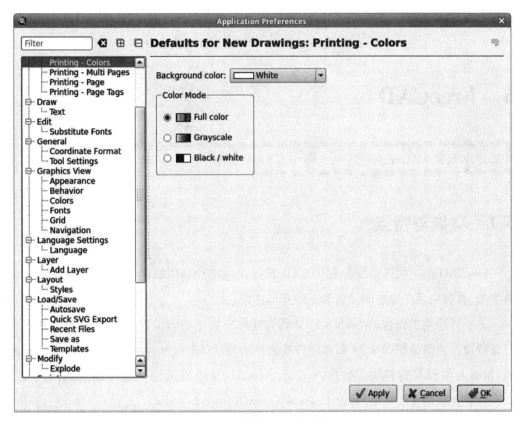

图 5 - 4　QCAD 应用选项修改

6　FreeCAD

三维参数化 CAD 软件

6.1　功能与特点

FreeCAD 是一款三维的参数化 CAD 软件,与商业 CAD 软件 Solidworks、CATIA、UG 等类似,具有完备二维绘图设计和三维实体建模功能。

该软件采用工作台(Workbench)运行方式的模块化功能设计。目前,该软件还处于开发阶段。当前最新的 0.14 版本软件功能模块包括草图绘制、制图、零件设计、渲染、建筑、机器人和 FEM 等模块。在 CAE 方面,FreeCAD 支持 FEM 网格划分和前后处理功能。

该软件采用了 C++,Open Cascade,Coin3D(Open Inventor),Qt 和 Python 进行开发,支持完全参数建模,并且可以作为库文件供其他程序调用。软件支持多平台操作系统,包括 Microsoft Windows,Mac OS X 和 Linux。

FreeCAD 基本功能包括:

(1)支持三维参数化 CAD 设计,包括二维草图绘制,二维工程制图,三维实体设计等;

(2)支持全参数化建模方式,利用 Python 可以实现对 CAD 对象属性和建模过程的全流程化脚本编程(C++,Python 程序或宏);

(3)支持导入导出 STEP,IGES,STL,OBJ,DXF,SVG,DAE 等多种几何文件交换格式;

(4)支持从三维模型生成二维视图,并输出 SVG 或 PDF 文件;

(5)支持输出 PDF 文件和外部打印机;

(6)支持三维渲染功能(LuxRender 和 povray);

(7)支持 BIM(建筑设计模块)。

主要特点包括:

(1)采用 LGPL;

(2)采用工作台方式(Workbench),包含众多功能模块;

(3)支持多操作系统平台;

（4）内嵌 Python 终端,可直接执行程序实现参数建模,编辑功能和部分交互操作;

（5）可作为 Python 模块直接引用,并用于外部程序开发;

（6）持续的开发过程,支持多种语言界面。

6.2　起源与发展

FreeCAD 软件采用了 Open Cascade, Open Inventor 和 Qt 进行开发。FreeCAD 起始于 2002 年 10 月,原作者为 Juergen Riegel,Werner Mayer 和 Yorik van Havre。目前,FreeCAD 最新稳定版为 0.14 版本(2014 年 7 月 13 日),0.15 版本正在开发过程中。另外,装配和 CAM 模块也在开发过程中。

FreeCAD 0.14 版软件工作台包含建筑、装配、草图、制图、FEM、网格设计、零件设计、数据绘图、光源(渲染)、机器人(运动仿真)和船舶等众多模块或组件。虽然 FreeCAD 还处于开发阶段,但是,从其总体框架设计、接口组件开发和发展思路来看,FreeCAD 作为一款三维 CAD 建模的基础软件,具有非常灵活的拓展空间,相信在不久的将来,FreeCAD 将会成为一款满足不同用户需求的 CAD 工具。

6.3　安装

以 Ubuntu 为例,进入 Ubuntu 软件中心,搜索 freecad,点击安装即可完成自动安装和配置(如图 6 - 1 所示)。

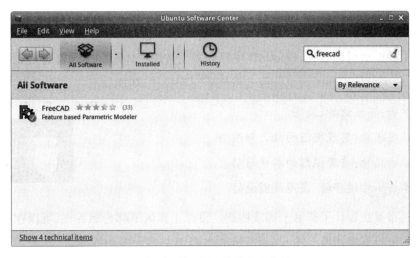

图 6 - 1　FreeCAD 软件中心安装

用户也可以通过 apt – get install 方式安装 FreeCAD。在终端执行安装：

```
$ sudo apt – get install freecad
```

用户也可以通过 FreeCAD 社区提供的 PPA 方式获取和安装最新稳定版本，具体方式是首先添加 FreeCAD 社区软件源。在终端执行：

```
$ sudo add – apt – repository ppa:freecad – maintainers/freecad – stable
```

然后更新软件源并安装最新的稳定版本 FreeCAD 及其文档。执行：

```
$ sudo apt – get update
$ sudo apt – get upgrade
$ sudo apt – get install freecad freecad – doc
```

对于其他操作系统用户，可以通过在线资源，根据需要下载相应的安装文件进行安装。

6.4 开始使用

软件安装完成后，用户可以通过桌面快捷方式、程序菜单、工具栏或终端执行命令"freecad"等方式启动软件。启动完成后，进入 FreeCAD 主界面，默认进入的是开始工作台（Start）。如图 6 – 2 所示。主界面中间区域为 FreeCAD 开始中心，其中显示了功能操作提示、近期使用的模型文件和最新的网站或社区新闻信息。

进入主界面后可以看到，FreeCAD 主界面采用常用窗体布局。顶部为标题栏和菜单栏，中间区域为设计工作区。工作区支持鼠标交互操作，功能如下：

左键单击：实现选择、绘图。

中键滚轮滚动：实现视图的放大和缩小。

中键单击拖动：实现视图的水平移动。

中键单击 + 左键移动：实现视图旋转。

工具栏布置在设计工作区上部或四周。设计工作区下部为标签页，可以在多文档多任务模式下进行直接切换。图 6 – 2 所示的主界面左侧为多功能面板区，包括了模型属性面板和任务信息面板。作为完全参数化的三维 CAD 软件，FreeCAD 将模型中的所有

属性信息都看作是可参数化的变量进行创建、存储、编辑和修改,除了通常意义中的几何尺寸,还包括约束、材料和可视化效果等。

具体内容可以在后面示例中可略知一二,详细信息请参考在线资源。

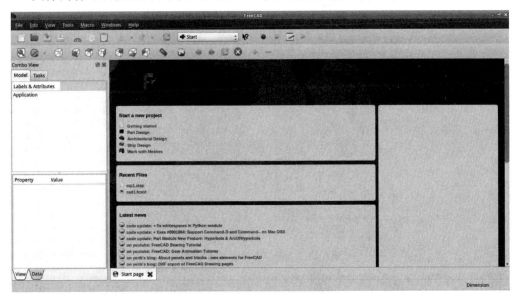

图 6 - 2 FreeCAD 主界面

返回主界面,通过平面中上区域的工作台下拉菜单可以看到当前版本软件所包含的功能模块或组件,如图 6 - 3 所示。0.14 版本软件包含的模块或组件包括建筑、装配、全部、草图(二维一般草图)、制图、FEM、图像(位图)、检查、网格设计(划分)、OpenSCAD、零件设计、数据绘图、点、光源(渲染)、反向工程、机器人(运动仿真)、船舶设计、草图(几何约束草图)、表格、开始、测试框架和 Web 浏览器。

鼠标点击其中一个模块,即可进入相应的模块工作台。由于各模块功能不同,因此,进入不同模块后,系统会自动根据当前任务调整菜单栏和工具栏。对于不适合当前工作使用或使用无效的工具栏,相应图标将变为灰色且无法使用,可以使用的有效工具图标为亮彩色。

进入零件设计模块(Part Design),工作区和工具栏及主界面如图 6 - 4 所示。在零件设计模块,可以创建三维几何模型。基本三维几何创建方法包括拉伸(及拉伸切除)、旋转(及旋转切除)和倒角,以及特征镜像、阵列、移动等编辑操作,还可以实现绘图或草图直接映射到实体等。

图 6-3　FreeCAD 模块组件列表

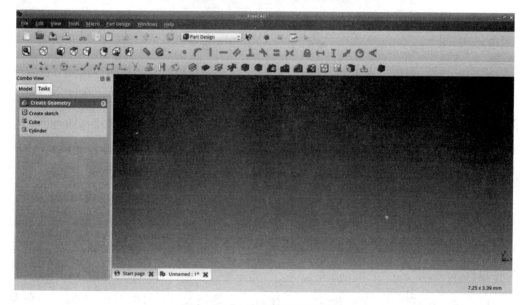

图 6-4　FreeCAD 零件设计界面

在零件设计模块,可以方便地建立各种几何图形。建立的简单圆形凸台示例如图 6-5所示。

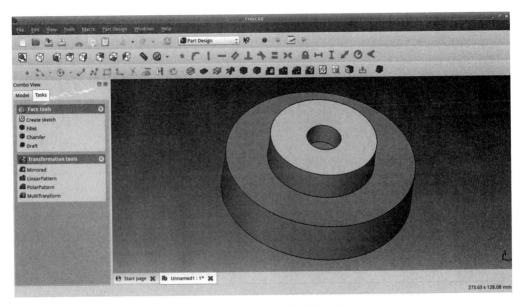

图 6 - 5　FreeCAD 零件设计示例

通过设计工作区左侧的面板进入模型标签页(Model)可以看到,模型属性包括两种类型,一种是可视化属性(View),另一种是数据属性(Data)。点击数据属性,如图 6 - 6 所示。数据类型记录了当前选择对象的各项数据信息,示例中包括位置信息、类型、绘图信息和标签等。这些属性都是参数化建模的重要组成部分,可以通过 Python 脚本程序、命令或宏进行调用和灵活的自定义操作。

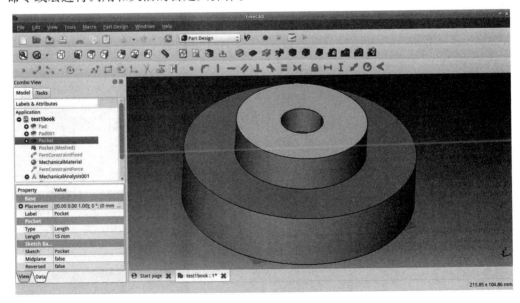

图 6 - 6　FreeCAD 零件设计凸台属性参数

进入二维制图模块(Drawing),可以直接从前面建立的圆形凸台零件生成各向视图。

如图 6 - 7 所示,设计工作区显示了零件的三视图(俯视图、正视图和右视图),以及制图时采用模板的边框和标题栏。

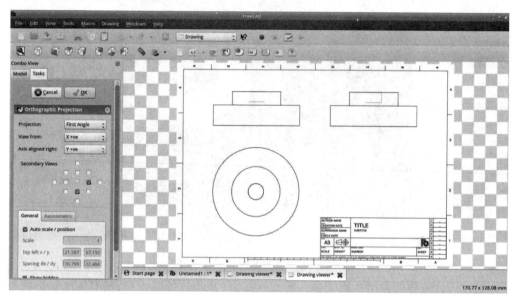

图 6 - 7　FreeCAD 二维制图示例

网格设计模块(Mesh Design)示例如图 6 - 8 所示。网格设计模块具有网格划分的基本功能,包括网格分析、修复、填补孔、布尔运算、切割网格和优化等功能,并支持网格模型输入和输出。网格模型输入输出文件的格式类型包括 STL、AST、BMS、OBJ、OFF、PLY 和 NAS 等。

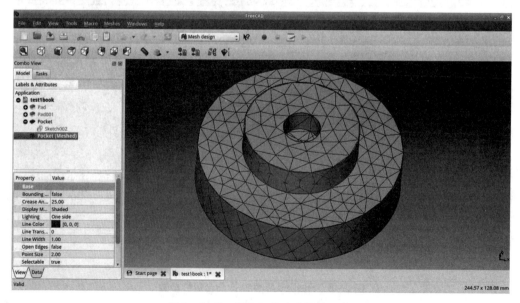

图 6 - 8　FreeCAD 网格生成模块示例

FEM 模块应用示例如图 6 – 9 所示。根据基本的 FEM 分析步骤,利用 FEM 模块功能可以建立材料,定义约束和施加载荷,同时可以显示结果。目前,0.14 版 FreeCAD 的 FEM 模块只支持线性同性材料定义,力学计算可以获得应力(von Mises)和位移,仅支持单实体零件 FEM 力学计算。FreeCAD 0.14 使用 Calculix 求解器求解。

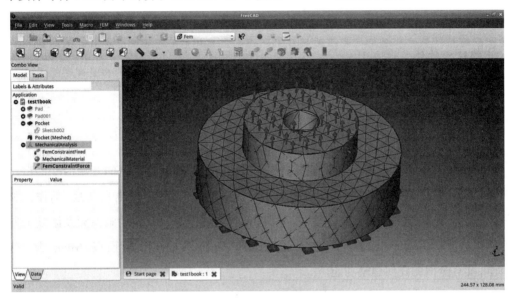

图 6 – 9　FreeCAD FEM 模块示例

另外,使用 Python 脚本语言可以"手动"生成网格。FreeCAD 的 Python 脚本语言命令方式为绘图、几何建模和 FEM 分析等提供了一种高效的工作方式。FreeCAD 还提供了很多 API(应用程序接口) ,使得用户可以利用 Python 程序语言充分的调用 FreeCAD 各种内嵌功能,实现程序自定义开发。

6.5　在线资源

http://www.freecadweb.org

http://sourceforge.net/projects/free – cad

http://en.wikipedia.org/wiki/FreeCAD

7　Blender

三维建模软件

7.1　功能与特点

Blender 不仅仅是一款三维建模软件,实际上它是一款鼎鼎大名的开源的全能型三维动画制作软件,足够丰富的功能程序为用户提供从几何建模(三维)、动画(动作)、材质(效果)、渲染(光线)到音频处理、视频剪辑、游戏制作等一系列动画视频及游戏的制作解决方案。Blender 支持跨平台操作系统,基于 OpenGL 的图形界面,以 Python 为内建脚本,具有全面的几何建模功能。

将 Blender 作为 CAD/CAE 方面的几何体网格建模软件,在几何体建模方面的功能使用最为常见,且其采用网格定义几何体的形状。除了常见的多边形、四面体、六面体、球、圆柱和圆环等规则几何形状,对于其他形状,可以通过灵活的网格节点修改和调整,实现各种复杂的几何体建模。另外,利用外部插件和 Python 脚本程序开发,不仅可以实现自动程序化的建模,而且也可以实现网格模型数据定制转换与文件格式交换。建立的几何模型网格通过一定的转换处理可以直接用于 CAE 前处理及网格模型设置。

Blender 是一款专门为动画设计人员开发的软件,其功能十分强大。尽管使用 Blender 仅作为 CAD/CAE 的几何模型建模工具略显大材小用,但是,利用其通过节点网格建立几何模型的特点,可以发挥其在 CAE 网格模型前处理上的优势,提高工作效率。例如使用 Blender 进行网格模型的修改和数据格式交换。虽然在 CAD/CAE 工作中可能很少遇到极其复杂的不规则几何体(例如人的面部等),但是,在医学、生物学 CAE 方面仍然需要借助 Blender 进行特殊处理。

总之,发挥 Blender 在网格建模方面的优势,借助其进行网格模型修改和数据交换,也不失为一种灵活的 CAD/CAE 工作处理方法。

7.2　起源与发展

追溯起源,Blender 软件最早是由来自荷兰的视频工作组 NeoGeo 与 Not a Number Technologies 设计开发并在内部使用。1998 年,该软件对外发布。2002 年 9 月,经过债权转让,Blender 源码对外公布,至此后 Blender 采用 GPL,并由 Blender 基金会负责维护。目前,最新稳定版本为 2.72b(2014 年 10 月)。

7.3　安装

以 Ubuntu 系统安装 Blender 为例。通过 Ubuntu 软件中心搜索 Blender,即可方便地进行安装和配置(如图 7 -1 所示)。

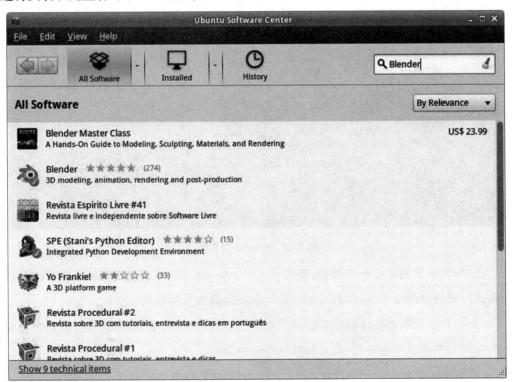

图 7 - 1　Blender 软件安装

对于其他操作系统的软件安装,用户可以通过在线资源下载系统对应的软件安装包,依据说明安装 Blender 软件。

7.4　开始使用

启动 Blender 软件,可以进入主界面(如图 7 – 2 所示)。Blender 主界面采用传统的界面样式框架。启动初始欢迎页面显示在界面中部,欢迎页面包含了软件版本信息、快速链接和近期的使用文档以方便用户快速使用软件。

主界面顶部为标题栏和菜单栏,中部大面积区域为设计区(或称为绘图区),设计区左侧各种命令操作面板,右侧为各种辅助操作面板。界面底部布置有为专门用于动画视频的时间轴面板。详细的说明介绍和入门手册请参考在线资源。

图 7 – 2　Blender 主界面

在 Blender 中建立了一个球体,如图 7 – 3 所示。建立的球体几何形状采用了网格进行描述。通过修改尺寸、节点数量和位置可以灵活修改几何形状。

另外,对于较熟悉软件功能和设置的用户,还可以通过自定义选项功能,根据自身喜好和使用习惯修改界面布局、位置和颜色等各种属性。

7.5　在线资源

http://www.blender.org

http://www.blendercn.org

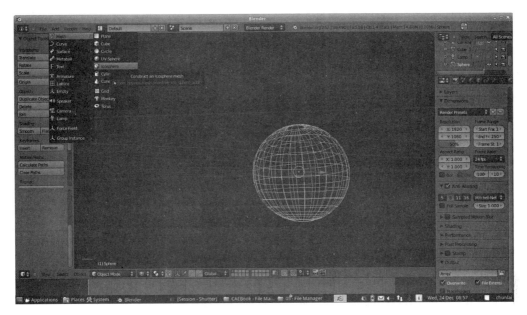

图 7 - 3　Blender 建模示例

8 SALOME

CAE 前后处理应用平台

8.1 功能与特点

SALOME 是一款用于 CAE 前处理和后处理的应用平台软件。它提供了一个通用的 CAE 应用平台,利用功能模块化方式提供多种前后处理功能。

目前使用的 7.4.0 版本包括了三维 CAD 建模与设计、网格划分与编辑(前处理)、仿真作业管理和后处理等基本功能。这些功能都是通过相应的功能模块来实现的,各个模块通过 SALOME 内核程序(Kernel)统一调度。例如,用户使用的软件界面就是其中的 GUI 模块。

SALOME 软件采用常见的工作台功能模块化运行方式,使得 SALOME 既可以使用各个模块作为一个独立功能的 CAE 工具使用,也可以集成作为一个 CAE 平台使用,还可以作为内核平台为用户自行开发的特定功能模块或插件提供基础支撑。用户可以通过工作台选择进入不同的功能模块,实现 CAE 各种功能需求,并支持全面的 Python 脚本操作功能。SALOME 软件支持多平台操作系统,包括 Microsoft Windows,Mac OS X 和 Linux 等。

SALOME 软件基本架构如图 8 – 1 所示。

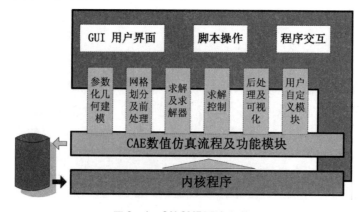

图 8 – 1 SALOME 平台架构

SALOME 主要功能的特点包括：

（1）采用 LGPL，支持多操作系统平台；

（2）支持参数化三维 CAD 建模、网格划分与编辑（前处理）、仿真作业管理和后处理功能；

（3）使用自带的 HDF 文件格式，支持导入导出 BREP，STEP，IGES，STL 和 VTK 等多种几何模型文件格式，支持导入导出 MED，UNV，STL，GMF，SAUV 和 CGNS 等多种网格模型文件格式；

（4）自带后处理模块，并可采用 ParaVis（Paraview）实现可视化；

（5）支持仿真作业管理和流程控制；

（6）通过内嵌的 Python 终端，可以实现对建模、前处理和仿真分析过程控制的全流程化 Python 脚本编程；

（7）持续的开发过程，模块功能日趋完善，并支持多种语言界面，暂时不支持中文。

8.2 起源与发展

早在 2000 年，由 Open Cascade 作为项目领导者组织 CEA、EDF 等多个开发团队，共同开始了 SALOME 的开发。根据在线资源信息显示，最初的开发目的是为了满足两类工业技术需求。一是寻找一种针对多物理场工业设计与分析问题的解决方案，包括提高设计建模效率，实现多物理场的耦合仿真分析和使用通用的界面及接口来简化用户入门和操作。二是希望在 PLM 中实现针对特定需求的计算仿真求解和分析功能集成，这些功能包括高效的前处理和后处理，可交互的数值求解器程序代码和在 PDM 系统实现的数据仿真分析。

SALOME 的开发目标大概如图 8-2 所示。从图 8-2 可以看到，SALOME 平台采用模块化组件方式，支撑了多个功能模块的实现。

2001 年 12 月，开发团队发布了 SALOME 1.0 版本。随着开发的持续，陆续发布了 2.0~6.0 系列版本，更多的功能模块和新的技术被融

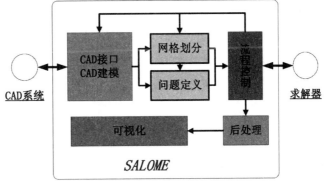

图 8-2 SALOME 开发目标

入进来。目前,SALOME 最新版本为 7.4(2014 年 6 月)。

作为平台支撑软件,采用 LGPL 的 SALOME 的内核和 GUI 是足够开放的,使得在 SALOME 平台上自主开发特定功能程序,实现 CAE 功能是极其方便和快捷的。SALOME 平台也使用众多知名的开源软件、程序库或程序开发技术,例如 SALOME 内核使用了 CORBA,MED 模块;GUI、几何建模使用的 Qt,Open CASCADE 和 VTK 等;网格划分使用的 Netgen 和 GHS3D 等;后处理可视化使用的 ParaViS,以及拓展 Python 功能的 PyLight 等。为了满足部分特殊的 CAE 功能需要,一些开发团队也在 SALOME 基础上进行了拓展和改进,形成了特色的软件,例如内嵌了 Code_Aster(采用 GPLv2)求解器模块的 Salome - Meca(采用 LGPL)软件,就为 SALOME 补充了一个 CAE 数值仿真求解器。

综上所述,开源的 SALOME 软件为 CAE 提供了一个强大的基础平台,目前已具备基本的建模和前后处理功能。如果配合其他求解器的共同使用,就能够提供一个完整的全流程 CAE 工作环境,例如本书示例中使用的 Salome - Meca 软件。基于 SALOME 平台进行特定需求的定制开发,也是一个可行的技术路线。

8.3　安装

通过在线资源的 SALOME 网站可以下载到最新版本的软件安装文件。网站提供了针对 Linux 操作系统的二进制安装文件,针对 Windows 操作系统的安装文件和开发环境(SALOME SDK),以及源程序、软件文档和使用手册教程。

下载完成软件安装文件后,在系统中执行二进制安装文件即可按照指示完成安装。对于使用源代码编译方式进行软件安装,详细步骤可以参考源代码文件包中的编译安装说明文档。

需要注意的是,单独安装的 SALOME 不包含求解器模块,无法直接进行仿真求解。如果选择安装 Salome - Meca 软件,则其软件已包含 Code_Aster 求解器。简便起见,用户也可以直接通过在线资源的 Code_Aster 网站直接下载 Salome - Meca,其中包含 SALOME 软件。

8.4　开始使用

安装完毕后,即可启动 SALOME。进入 SALOME 主界面(如图 8 - 3 所示)。主界面采用通用布局风格,顶部为标题栏和菜单栏,中间区域为设计区,底部为 Python 终端(命令输入区)。菜单栏右侧显示了当前软件为 SALOME 7 系列版本。

图 8 - 3 SALOME 主界面

菜单栏中间布置有工作台模块选择下拉菜单,其中列出了当前 SALOME 环境集成的功能模块(如图 8 - 4 所示)。其中包括了几何建模(Geometry)、网格划分(Mesh)、后处理可视化(ParaVis)、MED、YACS 和作业管理(Job Manager)等。通过选择相应模块,可以进入对应的功能模块工作台。下拉菜单后面的工具栏也列出了各个功能模块图标,通过单击相应模块图标也可直接进入对应的功能模块工作台。

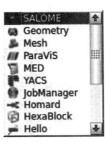

图 8 - 4 工作台集成模块列表

进入几何建模(Geometry)模块,菜单栏将出现对应几何建模功能的菜单栏及各种工具图标。主要工具栏包括草图绘制、实体生成和几何编辑等。除此之外,绘图区上部会出现一行视图菜单栏,通过视图菜单栏可以进行视图各种操作,包括选择、缩放、选择、移动、剖面和视图复制、修改等。现在建立一个简单的六面体(如图 8 - 5 所示)。左侧是几何模型对象浏览器,采用树形结构显示了当前几何模型包含的全部信息,包括坐标、几何体和其他对象等。通过对象浏览器中的树形结构图,可便于直接选取各类对象,也可清晰地展现几何模型各种信息及特征。

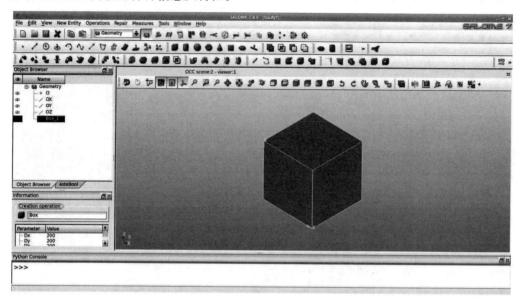

图 8 - 5　SALOME 几何建模示例

进入网格划分(Mesh)模块,菜单栏会出现对应的菜单,包括单元创建和编辑,网格划分计算、编辑、修改和质量检查等。支持建立多种类型网格和单元类型。对一个管道模型进行网格划分,采用四面体网格(如图 8 - 6 所示)。

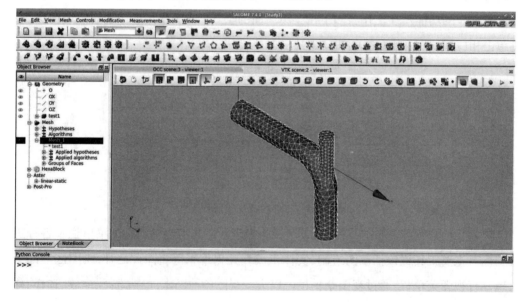

图 8 - 6　网格划分模块示例

SALOME 的后处理可视化使用 ParaView 软件。进入后处理可视化(ParaViS)模块,即可在 SALOME 中内嵌打开 ParaView 软件(如图 8 - 7 所示)。

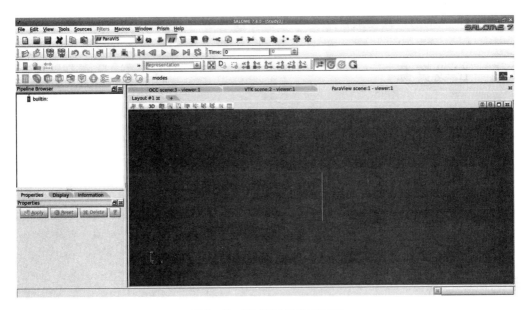

图 8 - 7 SALOME 后处理示例

　　SALOME 具有鲜明的模块化功能特点,通过帮助菜单可以查看当前软件包含的模块信息(如图 8 - 8 所示)。

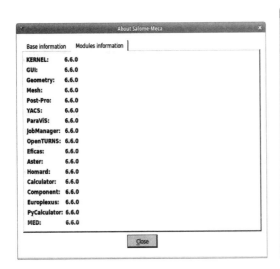

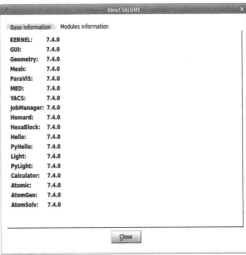

图 8 - 8 SALOME 模块信息(左为 Salome - Meca 2013.1,右为 SALOME 7.4)

　　图 8 - 8 中左侧图为 Salome - Meca 2013.1 版本的模块信息,右侧为 SALOME 7.4 版本的模块信息。其中,Salome - Meca 2013.1 采用了 SALOME 6.6 版本,可以清楚地看到,其中包含了 Aster 求解器。SALOME 7.4 则包含了一些新加入的模块,包括 PyHello,PyLight,HexaBlock,Atomic,AtomGen 和 AtomSolv 等。根据在线资源信息,目前,最新版本的 Salome - Meca 2014.2 已发布,并采用了 SALOME 7.4 版本、Code_Aster 11.6(稳定

版）和 Code_Aster 12.2（测试版）。

8.5　在线资源

http://www.salome-platform.org

http://en.wikipedia.org/wiki/Salome_(software)

http://www.code-aster.org

9 Gmsh

三维 FEM 网格划分及前后处理软件

9.1 功能与特点

Gmsh 是一款专业的三维 FEM 网格生成软件,自带有内嵌的 CAD 建模工具、前处理和后处理工具。Gmsh 专注于网格划分,其开发目的是为用户提供一种运算快速、体积轻便和界面友好的网格划分工具。

Gmsh 支持跨平台操作系统,借助其开发人员的算法理论研究,采用了很多较为先进网格划分及结构拓扑算法,并基于众多成熟的第三方开源工具进行针对性开发。例如采用 FLTK 和 OpenGL 开发用户界面(GUI),采用 OpenCascade 实现 STEP、IGES 和 BREP 几何模型数据文件格式交换,支持调用外部的 Netgen 和 TetGen 网格划分工具等。特别有趣的是,最新版本的 Gmsh 可以应用 ONELAB 服务器驱动外部 FEA 求解器,例如开源的 GetDP,并通过 Onelab/Mobile 实现了在移动终端设备上的远程使用。

具体功能方面,Gmsh 主要包括四个功能模块,即几何编辑,网格划分,求解器和后处理模块。用户通过界面可以完成全部采用交换操作,同时也支持使用 ASCII 文本格式执行 Gmsh 脚本命令程序。

Gmsh 主要特点包括:

(1)采用 GPL;

(2)除了专业的三维网格划分功能模块,还自带有前后处理功能;

(3)几何模型支持 STEP、IGES 和 BREP 几何模型文件格式,网格格式支持导出 MSH、INP、DIFF、UNV、IR3、MED、MESH、BDF、P3D、STL、WRL、VTK 和 PLY2 文件格式,后处理支持 POS、RMED、ASCII TXT 和 POS 文件格式,图像输出支持 GIF、JPG、TEX、PDF、PNG、PS、PPM、SVG、YUV、MPG 格式输出;支持外部求解器网格格式包括 Abaqus、Diffpak、I-deas 和 Nastran 等;

(4)网格划分采用自底向上的划分模式,支持结构化网格和非结构化网格;

（5）支持采用 Gmsh 脚本命令执行操作；

（6）支持多种类型样式的后处理及可视化；

（7）支持跨平台操作系统；

（8）具有持续的开发和先进的理论研究团队支持；

（9）借助 ONELAB，支持移动终端设备 APP 应用 Gmsh。

目前，与其他网格划分软件相比，Gmsh 还有一些不足，例如其内嵌的几何建模功能还很简单，只能处理简单的几何操作，还不能实现较为复杂的 CAD 功能。Gmsh 的脚本命令语言还不够充分，相关程序和算法还需要进一步的开发。另外，Gmsh 不能直接生成多块分区网格，通常它所生成的网格只适用于 FEA 方面的应用。

综上所述，Gmsh 具备了 FEA 网格划分及前后处理的基本功能，尽管软件还存在一些不足，但是，Gmsh 仍然是一款出色的 FEA 网格生成工具。

9.2 起源与发展

Gmsh 的开发可以追溯到 1997 年。其 1.0 版本发布于 2001 年 1 月。版权所有者为 Christophe Geuzaine 和 Jean – Francois Remacle。随着软件的持续开发，功能模块逐渐完善，网格划分功能更加全面，软件更加稳定，一些先进的网格划分和几何拓扑算法被引入。目前，Gmsh 最新版本为 2.8.5（2014 年 7 月 9 日）。

9.3 安装

以 Ubuntu 为例，通过 Ubuntu 软件中心搜索 gmsh，可以方便地安装 Gmsh 软件。如图 9 – 1 所示。

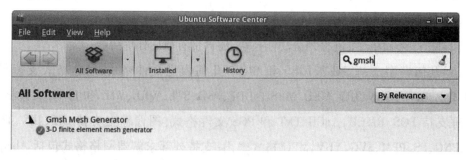

图 9 – 1 软件中心安装 Gmsh

通过 apt – get install 方式也可安装软件。在终端执行安装 Gmsh：

```
$  sudo apt – get install gmsh
```

对于其他操作系统的 Gmsh,可以通过在线资源下载对应操作系统的软件安装文件,依据安装说明即可完成安装。

9.4　开始使用

安装完成后,通过菜单栏或终端命令执行"gmsh"命令,即可启动 Gmsh 软件。软件启动后,Gmsh 界面出现在桌面环境中(如图 9 – 2 所示)。

图 9 – 2　Gmsh 界面

进入软件界面后可以看到,Gmsh 界面采用功能分区浮动窗体布局。主功能区域为设计工作区,浮动窗体为菜单栏和工具栏。

界面支持鼠标交互操作,功能如下:

左键单击:实现选择、旋转。

中键滚轮滚动:实现视图放大和缩小。

中键单击:确认操作。

右键单击移动:平移;取消操作;快捷方式。

工具栏下拉菜单包含了不同功能模块,例如几何(Geometry)、网格划分(Mesh)、求解器(Solver)和后处理(Post – pro)。通过下拉菜单选择进入不同的功能模块。进入不

同模块后,工具栏会随之变化,出现对应不同模块的工具。

使用 Gmsh 几何模块,导入一个弯管的几何模型(IGES 格式),如图 9 - 3 所示。在几何模块,可以进行几何特征编辑和修改等操作。通常,对于复杂的模型或存在错误的几何模型,在网格划分前通过几何模块进行修补或简化,可以有效地减少网格划分过程的错误,提高网格生成效率和质量。

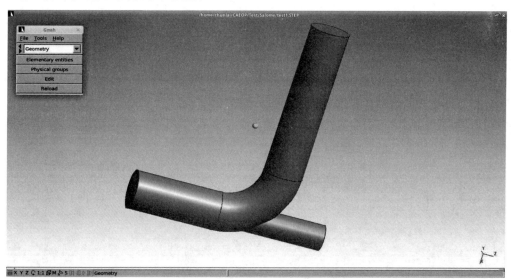

图 9 - 3　Gmsh 几何模型模块示例

通过显示菜单工具调整显示模式。采用几何模型特征线框的方式显示了几何体的示例(如图 9 - 4)。随后,还将在 Netgen 软件中使用这个模型。

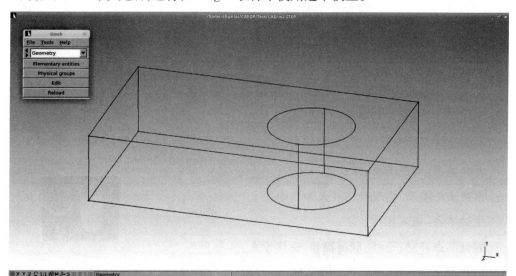

图 9 - 4　Gmsh 几何模型显示示例

进入网格划分模块,采用二维(2D)网格划分工具对几何体表面进行划分,初步完成的网格如图9-5所示。

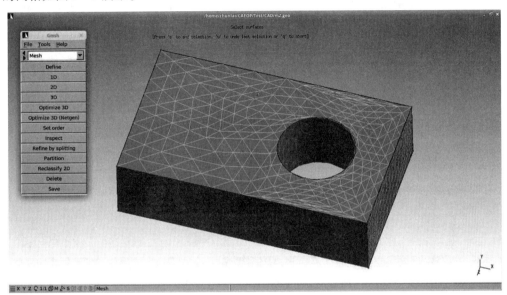

图9-5 Gmsh 网格划分示例

对网格进行进一步加密,重新计算得到的网格如图9-6所示。这里作为示例,没有特意去控制网格参数,一些局部区域的网格质量还需要进一步调整。

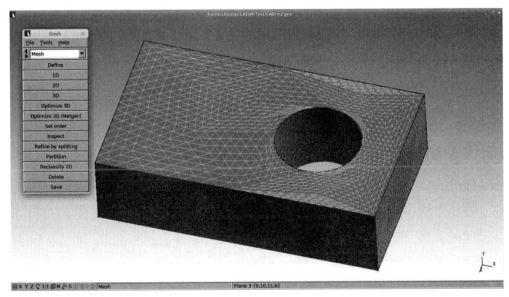

图9-6 Gmsh 网格划分加密示例

采用中间截面视图,可以显示半剖面形式的效果,如图9-7所示。这样的视图方式可以方便用户观察几何体内部的网格特征。除此之外,还有很多功能强大的模型可视化和结果后处理方式,用户在实际使用过程中可以逐渐地熟悉和尝试。

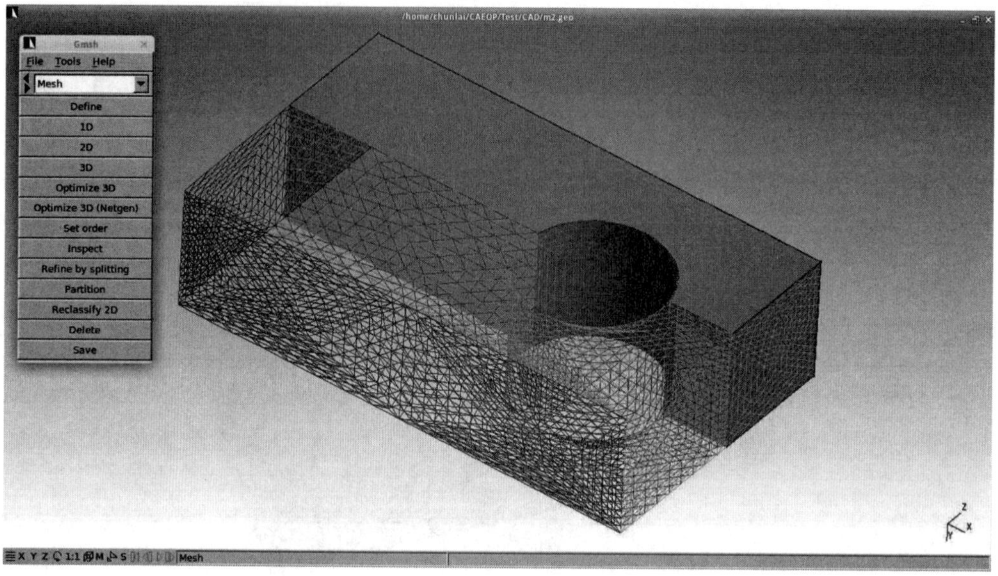

图 9 - 7　Gmsh 几何划分截面显示示例

最后需要提及的是,Gmsh 的版权所有者之一 Christophe Geuzain 教授,他就职于比利时列日大学电子工程与计算机科学学院(Université de Liège)。另外一位是 Jean - Francois Remacle 教授,其就职于比利时鲁汶大学机械材料与土木工程系(Université Catholique de Louvain)。两位教授利用学术研究成果,在研究工作过程中逐渐形成了 Gmsh 基本设计思路和框架,并最终以开源方式发布软件。越来越多的开发人员参与进来,一些先进的网格划分及后处理可视化算法和科学数值计算分析相关的最新研究成果也被应用在 Gmsh 中,开发团队共同为持续的开发 Gmsh 而努力,形成了目前的 Gmsh。用户可以通过在线资源和参考文献进一步了解相关的内容。

9.5　在线资源

http://www. geuz. org/gmsh

http://perso. uclouvain. be/jean - francois. remacle

http://www. montefiore. ulg. ac. be/ ~ geuzaine

9.6　参考文献

[1]C. Geuzaine and J. - F. Remacle. Gmsh:a three - dimensional finite element mesh

generator with built – in pre – and post – processing facilities. International Journal for Numerical Methods in Engineering 79(11), pp. 1309 – 1331, 2009.

[2] J. – F. Remacle, C. Geuzaine, G. Compère and E. Marchandise. High – quality surface remeshing using harmonic maps. International Journal for Numerical Methods in Engineering 83(4), pp. 403 – 425, 2010.

[3] J. – F. Remacle, J. Lambrechts, B. Seny, E. Marchandise, A. Johnen and C. Geuzaine. Blossom – Quad: a non – uniform quadrilateral mesh generator using a minimum cost perfect matching algorithm. International Journal for Numerical Methods in Engineering 89, pp. 1102 – 1119, 2012.

[4] J. – F. Remacle, N. Chevaugeon, E. Marchandise and C. Geuzaine. Efficient visualization of high – order finite elements. International Journal for Numerical Methods in Engineering 69(4), pp. 750 – 771, 2007.

10　enGrid

CFD 网格划分及前处理软件

10.1　功能与特点

enGrid 软件是一款开源的 CFD 网格划分软件,支持四面体网格划分(使用 Netgen 库)和棱柱形边界层划分(内建)等。目前,支持 OpenFOAM 和 SU2 求解器网格划分及前处理。

enGrid 采用 C + +语言开发,用户操作界面(GUI)采用 Qt,使用 Netgen、Gmsh 和 VTK 库。支持 VTK 数据结构等多种数据模型接口,包括 Blender(需要安装 engrid - blenderscripts)、Gmsh 和 STL。另外,通过 Gmsh 库可以导入 STEP 和 IGES 格式文件,并创建和修改简单的几何模型。

具有特色的是,enGrid 可以作为 OpenFOAM 前处理工具使用,即可以直接生产完整的 OpenFOAM 算例文件(Case),包含几何定义、网格模型和求解器控制文件等,并通过内嵌的界面窗口和对话框可以直接启动 OpenFOAM,执行相应求解器命令,调用 Para-View 进行后处理及可视化。

enGrid 支持单元类型包括四面体单元、金字塔单元、棱柱形单元和六面体单元,采用 VTK 定义方式。具体如表 10 - 1 所列。

表 10 - 1　enGrid 网格类型

类型	四面体网格 VTK_TETRA(=10)	金字塔网格 VTK_PYRAMID(=14)
图示 (节点编号)		

续表

类型	棱柱形网格 VTK_WEDGE(=13)	六面体网格 VTK_HEXAHEDRON(=12)
图示 （节点编号）	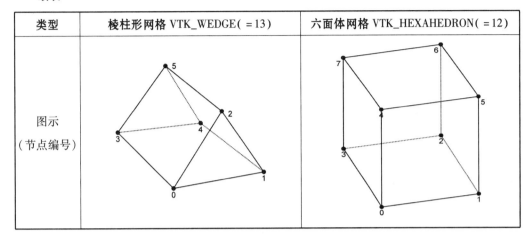	

10.2 起源与发展

早期的软件开发工作由 European Space Agency 资助支持。澳大利亚的 ILF 公司继续资助并支持了后续的开发。2009 年 2 月,enGrid 1.0 版本正式发布。目前,最新版本是1.4(2012 年 12 月)。

另外,自1.2 版本开始全面支持 OpenFOAM 求解器前处理及求解算例生成,自1.4版本开始支持 SU2 求解器前处理。OpenFOAM 和 SU2 均为通用的 CFD 求解器程序,可以通过在线资源了解相关情况。

10.3 安装

以 Ubuntu 操作系统安装 enGrid 为例,可以使用 Ubuntu 软件中心搜索 engrid 进行安装,如图 10 −1 所示。

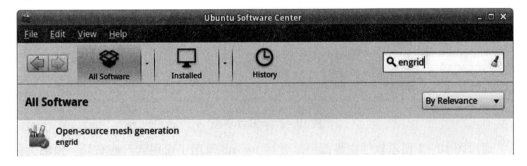

图 10 −1 enGrid 软件中心安装

也可以使用 PPA 方式,apt – get install 安装 enGrid。在终端加载 PPA,并执行安装 enGrid:

```
$ sudo add – apt – repository ppa:cae – team/ppa

$ sudo apt – get update

$ sudo apt – get install engrid engrid – doc engrid – blenderscripts
```

对于使用编译安装方式进行软件安装,需要确保当前操作系统预先包括 VTK 库 (5.4 版以上)、QT 库(4.5 版以上)和 Netgen 库。具体可以参考安装说明文件。

对于 Windows 操作系统安装,需要下载对应操作系统的安装文件包,例如"enGrid_ 1.2_setup_win32_MSVC2008. exe"。下载完成后,双击安装文件,依据提示说明安装 即可。

10.4 开始使用

安装完成软件后,通过执行"engrid"或菜单栏快捷方式命令即可启动 enGrid 软件。 软件主界面如图 10 – 2 所示。

图 10 – 2 enGrid 界面

通过图 10 – 2 所示软件主界面可以看到,enGrid 采用了通用的界面布局。顶部为标 题栏和菜单栏,界面中间灰色背景区域为工作区(默认为黑色背景,为了适应印刷效果已调整为浅灰色)。左侧为信息输出面板,右侧为视图控制面板。信息输出面板及时显示操作执行命令信息及相应操作命令、函数和方法的反馈信息,以及各种完成、统计或错误信息。用户通过视图控制面板可以有选择的显示体网格、面网格、边或线等网格模型的特征,以方便修改显示方式、视图特征和进行相关操作。

enGrid 支持多种类型的输入文件数据格式,通过菜单栏的 Import 可以看到(如图 10 – 3所示),当前版本 enGrid 支持导入 STL,Gmsh,VTK,OpenFOAM case(OpenFOAM 算例文件夹),Selig airfoil(一种开源的航空器 CFD 求解器),Blender 和 BRL – CAD(一种开源的参数化 CAD 软件)格式文件。

图 10 – 3   enGrid 输入菜单

enGrid 还支持导出多种类型的数据格式,通过菜单栏的 Export 可以看到(如图 10 – 4所示),当前版本软件支持导出 Gmsh,Neutral(NETGEN)、STL、PLY、OpenFOAM 和 SU2等格式文件。输出的文件可以直接包含前处理信息,通过内部接口实现调用求解器并完成计算分析。

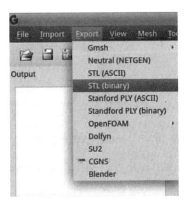

图 10 – 4   enGrid 输出菜单

通过软件选项设定可以进行各项设置(如图 10 – 5 所示)。包括导入几何模型误差定义、OpenFOAM 和 ParaView 的路径和设置信息等。

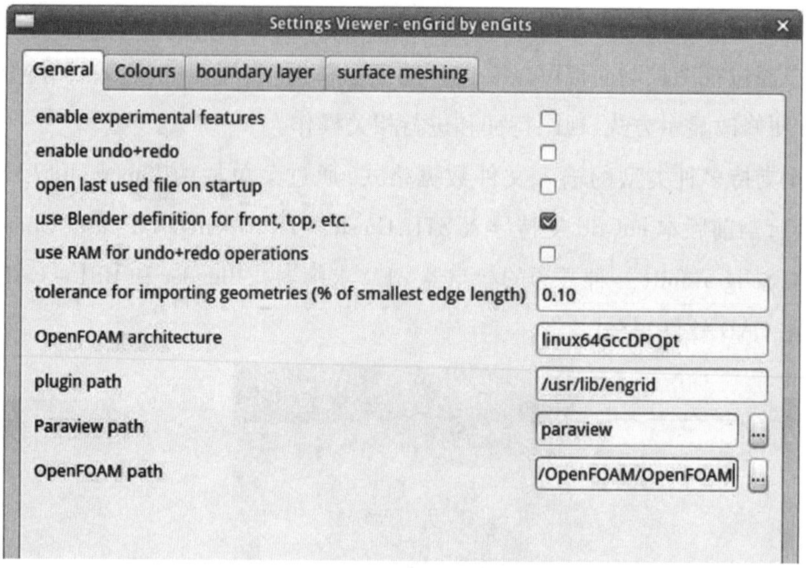

图 10 – 5　enGrid 选项设定

在选项设定中,边界层相关参数设定(如图 10 – 6 所示)。主要包括边界层高度、主向量和顺滑操作算法的迭代次数,及缝隙处最大边界层高度和角度等。具体参数设定方法和相应算法请参看软件手册。

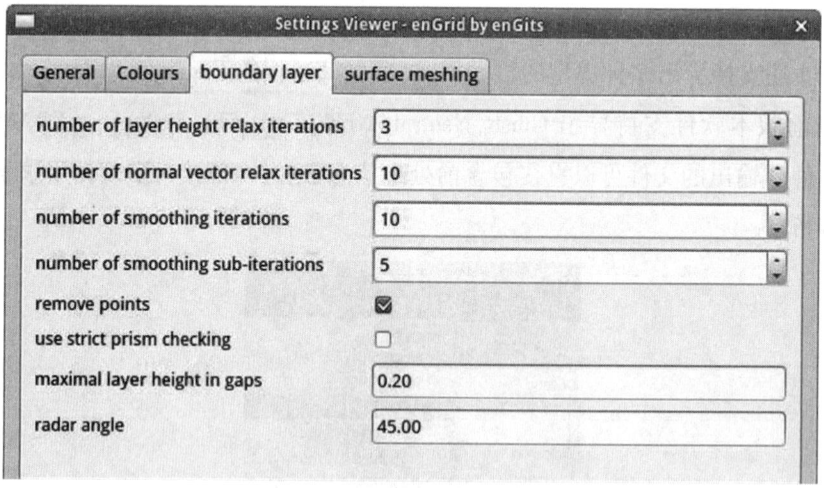

图 10 – 6　enGrid 边界层参数设定

enGrid 支持 OpenFOAM 前处理,并可以调用求解器命令。在边界条件设定中可以设定边界条件,并根据需要设定相应的求解器参数(Solver)(如图 10 – 7 所示)。当前设定支持 OpenFOAM 1.6 版本的 simpleFoam 求解器,需要设定开始迭代步、结束迭代步、输出间隔、初始速度、初始压力、动力黏度、湍流模型(如 SST)和基本变量求解算法(如速度对流项选择二阶迎风格式)等信息。以上设定的信息在 OpenFOAM 算例输出过程中,将直接输出成计算控制文件,并存储在算例文件夹中。调用 simpleFoam 求解器命令,即可执行 CFD 求解。相关的参数设定方法及意义请参看在线资源和软件手册(OpenFOAM)。

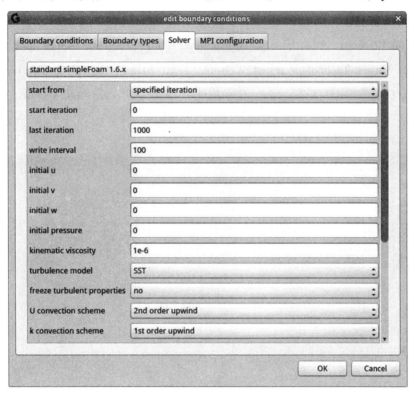

图 10-7　enGrid 边界条件及 OpenFOAM 求解器参数设定

以上介绍了 enGrid 的基本功能和使用方法,可以看到,enGrid 在 CFD 前处理方面功能完备。限于篇幅,没有在此明确展示各种使用细节,用户可以逐渐熟悉各种功能特点。

10.5　在线资源

http://engits. eu/en/engrid

http://sourceforge. net/projects/engrid

https://github. com/enGits/engrid

http://www.cfd-online. com/Forums/engrid

10.6　参考文献

［1］https://github. com/enGits/engrid/wiki/Element – Types

［2］Paul Bomkem，Albert Baars. Unstructured Grids for OpenFOAM With Blender and enGrid 1. 2. Online Technology report Website（1/10/2015）：*https://github. com/enGits/ engrid/wiki/Unstructured – Grids – for – OpenFOAM – With – Blender – and – enGrid –1. 2.*

11　Netgen

三维网格划分及前处理软件

11.1　功能与特点

Netgen 是一款自动三维体网格划分工具,支持二维网格和三维网格划分。其中,二维网格支持生成三角形和四边形网格,三维网格支持生成四面体网格。除了采用先进算法完成的网格自动划分和生成功能以外,Netgen 还包括有模型检查、修复,网格优化和自动加密细化等功能,结合内建的数据交换和模型输出功能,共同构成了一款先进、稳定、可靠和高效的网格划分和前处理工具。

Netgen 目前可以导入的几何模型数据文件格式包括 CSG、STL、IGS/IGES、BREP、STP/STEP、GEO 和 IN2D 等类型,输出模型格式包括 Neutral、Abaqus、Fluent、Elmer、Gmsh、OpenFOAM 和 STL 格式等。

Netgen 采用 Tcl/Tk 语言,使用了 OpenGL 技术,集成了 OpenCASCADE 程序库。支持作为独立软件使用,也可以作为 C++ 库被其他软件调用,例如 enGrid 等软件。支持 Windows 操作系统和 Linux/Unix 操作系统。

软件主要模块包括文件数据接口、几何编辑、网格划分和加密优化及特殊操作等模块,主要功能特点包括:

(1)采用 LGPL;

(2)支持自动的三维四面体网格划分;

(3)支持几何模型检查和简单的修改;

(4)支持网格加密和细化;

(5)支持棱柱形边界层添加;

(6)支持多种格式类型的输入输出模型文件,满足通用求解器前处理需要;

(7)支持命令行操作;

(8)程序接口开放,可以方便用户二次开发和调用 Netgen 程序。

目前,Netgen 相关的基础理论和算法说明等技术文档还在开发过程中,通过在线资源和各种技术论坛可以获得一定的技术支持。

11.2　起源与发展

Netgen 软件最早开发起始于 1994 年,是由 Joachim Schoeberl 教授主持开发的。Joachim Schoeberl 教授曾学习和工作于奥地利林茨大学,现在奥地利维也纳技术大学(Vienna University of Technology)工作。Netgen 最新稳定版本为 5.3 版(2014 年 10 月)。6.0 版本软件正在开发过程中。

11.3　安装

以 Ubuntu 操作系统为例。使用 Ubuntu 软件中心可以方便的安装 Netgen。在软件中心中搜索 netgen(如图 11 – 1 所示)。点击安装即可自动安装并进行配置。

图 11 – 1　Netgen 软件中心安装

也可以采用 apt – get 方式安装软件。在终端执行安装 Netgen 及其文档:

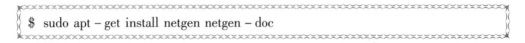

```
$  sudo apt – get install netgen netgen – doc
```

另外,还可以通过下载源代码,采用编译方式完成安装,具体可以参考文件包中的安装说明文件。

对于 Windows 操作系统,在线资源提供了 Netgen 在 Windows 操作下的安装文件,包括 32 位和 64 位操作系统版本,对应 5.3 版本分别是“Netgen – 5.3_Win32. exe”和“Netgen – 5.3_x64. exe”。下载完成,在操作系统中直接执行安装文件,依据提示进行操作,即可完成软件安装。

11.4 开始使用

软件安装完成后,启动通过终端命令行执行"Netgen"或程序菜单栏启动软件,进入界面(如图 11 - 2 所示)。

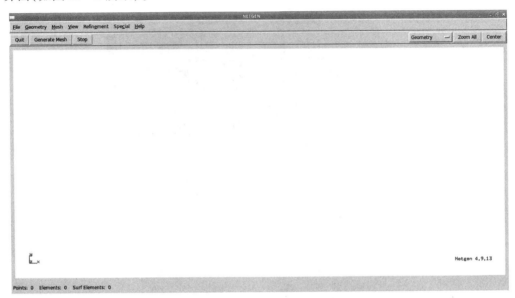

图 11 - 2 Netgen 界面

进入 Netgen 界面后可以看到,界面顶部为标题栏、菜单栏和快捷方式栏,中间为工作区,底部为信息提示区。菜单栏包括文件、几何模型、网格、视图、细化、特殊操作和帮助菜单。对应每一个菜单下,都有下拉菜单等各种功能子菜单。快捷方式栏包括一些常用的快捷方式按钮,包括退出、网格生成、停止及几何显示筛选、放大和居中等按钮。工作区左下角显示了当前坐标轴,右下角显示了当前软件版本(以 Netgen 4.9.13 为例)。底部为信息栏,会显示当前模型包括的点、体单元和表面单元的数量。

界面主体清晰,结构简单。界面支持鼠标交互操作,功能如下:

左键单击拖动:实现选择、旋转。

中键滚轮滚动:实现视图放大和缩小。

中键单击拖动:实现视图水平平移。

右键单击移动:实现视图放大和缩小。

通过软件导入一个带孔板的模型(如图 11 - 3 所示)。亮绿色为实体表面,实体的边为蓝色。通过鼠标交互操作可以调整视图,方便用户浏览和操作。

对这个模型进行网格划分,进入网格菜单的网格选项设定(如图 11 - 4 所示)。其中,需要设定的参数包括最大和最小单元尺寸,网格尺寸梯度以及单元曲线半径、边长等。具体参数和意义,及其对应算法请参考在线资源。

图 11 - 3　Netgen 导入模型示例

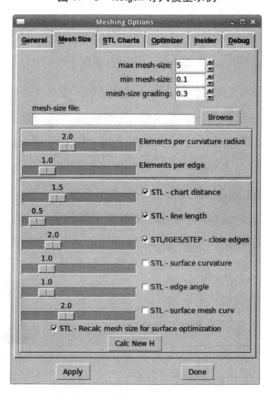

图 11 - 4　网格参数设定示例

基本参数设定完成后,点击快捷工具的网格生成按钮,可以进行网格划分。网格划分计算完成后生成初步的网格模型(如图 11 – 5 所示)。注意,底部信息栏已经显示了统计信息,其中包括 335 个点,904 个体单元和 636 个表面单元。

可以进一步细化网格以提高网格质量。通过简单的均匀细化方式,生成细化的网格模型(如图 11 – 6 所示)。底部信息栏显示,细化后模型包括 1892 个点,7232 个体单元和 2544 个表面单元。

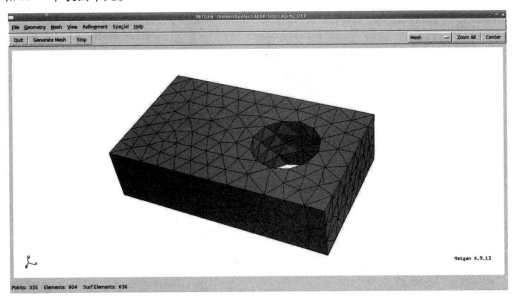

图 11 – 5　四面体网格初步划分示例

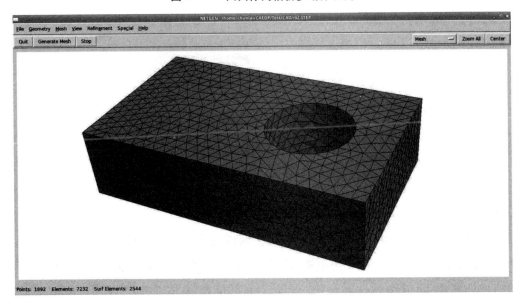

图 11 – 6　网格细化示例

对于生成的网格模型,可以进行网格质量检查。通过相应的边界条件设定后,就可以导出模型文件(网格),用于外部的求解器使用并计算。

在导出网格模型文件之前,需要事先选择导出目标文件类型。通过文件菜单(File)下的导出文件类型子菜单(Export Filetype)可以看到(如图 11 - 7 所示),可以用于输出的文件类型除了前面提到的 Abaqus、Fluent 和 OpenFOAM 等,还包括了 Surface Mesh、DIFFPAK、Tecplot、FEAP、VRML、JCMwave 和 TET 等多种类型。这极大的方便了用户使用。

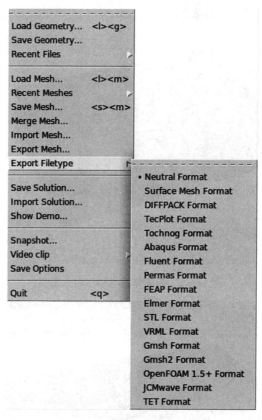

图 11 - 7　输出菜单及文件类型

另外,除了以上介绍和示例外,Netgen 还包括很多 CAE 网格划分和前处理工具,例如 STL 模型检查、网格检查、面单元处理、优化和体单元优化,以及棱柱形边界层和可视化工具等。

总之,Netgen 软件是一款出色的非结构化网格划分工具,具有较为先进的理论算法和稳定的程序结构。各种数据类型接口完备,基本能够满足当前各种通用的求解器算例文件前处理需求。随着软件进一步的开发,各种功能模块、软件教程、使用帮助和技术文档等在不断地进化和完善。

11.5　在线资源

http：//sourceforge. net/projects/netgen − mesher

http：//www. hpfem. jku. at/netgen

http：//www. asc. tuwien. ac. at/schoeberl

http：//www. hpfem. jku. at/index. html/joachim

12 Discretizer

专用于 OpenFOAM CFD 的前处理软件

12.1 功能与特点

Discretizer 是一款专用于 OpenFOAM CFD 的辅助工具软件,可以实现简单的模型建立、网格划分和前处理等工作。它可以称为是 OpenFOAM 的前处理工具箱。

软件包括 Discretizer 主程序(即 Discretizer∷Mesh,主要用于简单规则的几何建模、网格划分及前处理)和 Discretizer∷Setup(用于求解器设定及前处理)。用户可以通用的 GUI 操作界面,方便地建立简单的模型和自定义划分网格(特别是支持六面体网格划分,HexMesh)。

Discretizer 工具软件支持 32 位或 64 位的 Windows 和 Linux 操作系统,并支持全部的 OpenFOAM 命令功能(需要事先安装完成 OpenFOAM)。对于 Windows 操作系统中使用 Discretizer 调用 OpenFOAM 命令,需要安装 OpenFOAM 在 Windows 操作系统中的命令,具体请参考在线资源。

Discretizer 工具软件基于 Ruby 开发,界面 GUI 通过 fxruby 使用了 FOX 程序工具库。

软件主要功能特点包括:

(1)采用 GPLv3;

(2)全方位支持 OpenFOAM;

(3)支持建立规则的几何模型和添加边界条件;

(4)支持 STL 和 PolyMesh 模型数据文件格式;

(5)支持直接调用 OpenFOAM 命令;

(6)支持外部函数调用;

(7)支持命令行操作。

12.2　起源与发展

Discretizer 最初由瑞典人 Bjorn Bergqvist 开发,目标是设计一个服务于 OpenFAOM 类开源 CFD 的网格划分工具,特别是用于生成结构化网格的软件或程序。2008 年 6 月,发布了 Alpha 版本的 Discretizer。随着 OpenFOAM 开发和版本升级,后来又发布了 Discretizer170(2010 年,对应 OpenFOAM 1.7.x) 和 Discretizer200 (2012 年,对应 OpenFOAM 2.x)。

12.3　安装

Discretizer 是基于 Ruby 的脚本程序。通过在线资源下载安装文件包或源代码,解压后即可直接执行启动。

对于 Windows 操作系统安装软件,需下载对应的安装文件包,例如"discretizer_windows.zip",然后依据解压缩文件后依据提示执行脚本程序即可。

对于在 Linux 操作系统安装软件,需下载对应的安装文件,例如对应 64 位操作系统的"discretizer – 64 – bit – 2.tar.gz",然后加压缩后进入文件目录。直接执行 discretizer *.sh 文件即可以启动软件。其中包括 discretizer170.sh、discretizer200.sh 和 discretizer_mesh.sh,分别对于 170 版 Discretizer∶∶Setup、200 版 Discretizer∶∶Setup 和 Discretizer∶∶Mesh。

需要提醒的是,在安装 Discretizer 之前,应首先完成 OpenFOAM 的完整安装。OpenFOAM 的安装将在后面章节中进行详细的介绍。

12.4　开始使用

通过执行启动脚本,即可启动程序并进入主界面。Discretizer∶∶Mesh 和 Discretizer∶∶Setup 程序界面分别如图 12 – 1 和图 12 – 2 所示。两者采用了统一的界面风格,顶部为标题栏、菜单栏和快捷工具栏。界面左侧为关键字、参数、属性列表表格,右侧灰色区域为视图区,底部为信息栏。Discretizer 软件基本菜单包括文件、编辑、创建、视图、可视化和编辑等。其中,Discretizer∶∶Setup 还包含有求解器设定、运行控制和后处理等菜单。

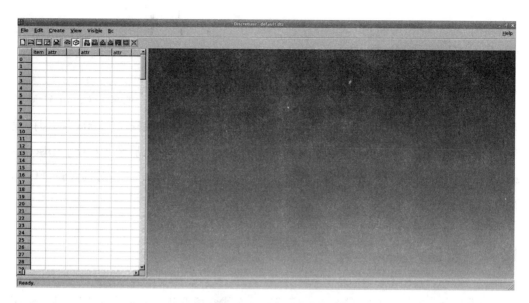

图 12 - 1　Discretizer：：Mesh 界面

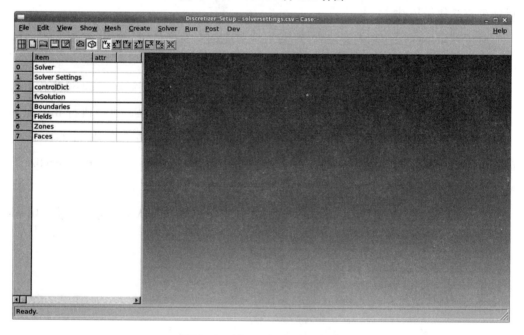

图 12 - 2　Discretizer：：Setup 界面

　　以 OpenFOAM 自带教程中的 cavity 算例为例,导入算例文件后可以看到算例中包含的各种信息和网格模型的可视化效果(如图 12 - 3 所示)。通过修改可以调整关键字变量和属性。通过创建边界条件菜单可以设定边界条件(如图 12 - 4 所示)。边界条件类型包括 Wall,Symmetry,Pressure,Velocity,Zero 和 Inlet 及 Outlet 等,对应 OpenFOAM 边界条件类型。

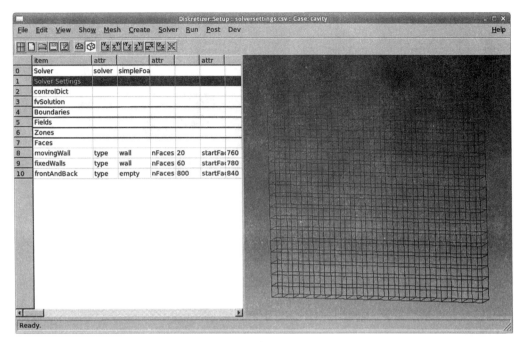

图 12 - 3   Discretizer 前处理示例

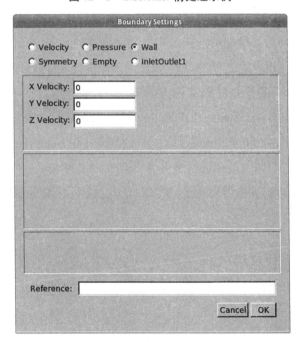

图 12 - 4   Discretizer 边界条件设定

通过求解器菜单可以定义算例中的各种求解控制文件和属性参数等,并通过选择求解器类型激活相应选项(如图 12 - 5 所示)。包括设定求解器选择、controlDict 文件、fvSolution 文件、fvSchemes 文件、decomposeParDict 等参数控制文件和 transportProperties 等属性定义文件。

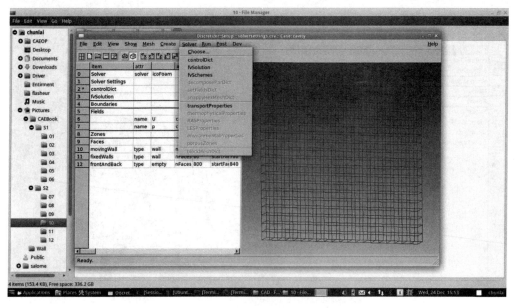

图 12 – 5   Discretizer 求解器选项

打开求解器选择菜单,弹出求解器选择面板(如图 12 – 6 所示)。从图 12 – 6 中可以看到,通过选择求解问题类型即可选择不同类型求解器。其中湍流模型选项包括湍流与层流、RANS 和 LES,工况状态包括稳态与瞬态,工质压缩包括可压缩和不可压缩,附加模型包括能量方程、VOF、多孔介质和结构力学等,标准求解器包括 icoFoam、simpleFoam、rhoTurbFoam、rhoPorousSimpleFoam、rhoPimpleFoam、interFoam、rasInterFoam、lesInterFoam、solidDisplacementFoam、solidEquilibriumDisplacementFoam 和 snappyHexMesh。具体各求解器(Foam)对应的求解问题及使用方法请参考 OpenFOAM 手册。

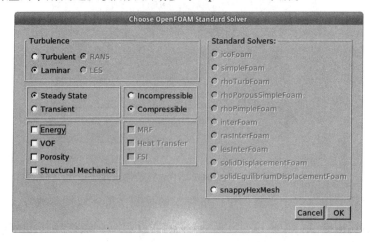

图 12 – 6   Discretizer 设定 OpenFOAM 求解器参数

软件还支持输出网格类型和结果。通过文件菜单中的输出工具可以打开输出对话框(如图 12 - 7 所示)。通过输出工具,可以将网格模型导入到外部其他的求解器中,例如 Fluent 和 Star CD 等软件。

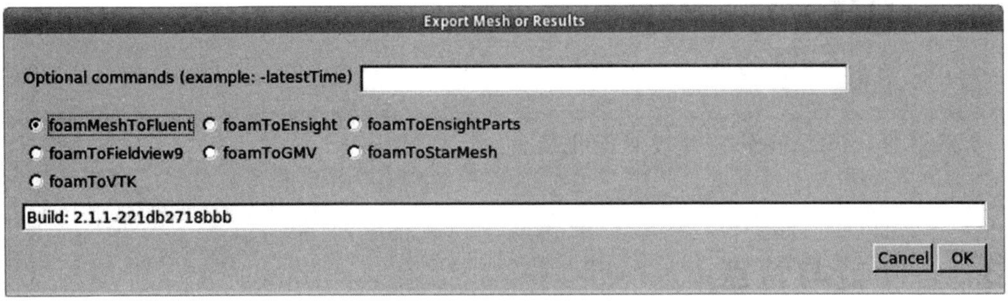

图 12 - 7　Discretizer 网格模型或结果输出设定

从以上介绍可以看到,Discretizer 为用户提供了一个专门用于 OpenFOAM CFD 的前处理辅助工具,通过界面化交换操作,生成网格模型和算例文件,并直接调用 OpenFOAM 内部命令进行计算。

总之,Discretizer 是一款优秀的界面化的 OpenFOAM 前处理辅助工具,大大地提高了 OpenFOAM 的适用性。

12.5　在线资源

http://www.discretizer.org

http://sourceforge.net/projects/discretizer

http://sourceforge.net/projects/wyldckat.u/files/discretizer

13 HELYX – OS

专用于 OpenFOAM 的前处理界面化软件

13.1 功能与特点

HELYX – OS 是由 Engys 公司开发的一款专门用于 OpenFOAM CFD 的前处理界面化的开源软件。程序基于 Java 语言开发,用户界面 GUI 采用 Java + VTK 技术开发。软件支持 OpenFOAM 前后处理操作,为用户提供了一个简单直观的可视化界面操作平台,使得用户不再需要进行繁琐的算例文本编辑和修改。

软件功能包括网格划分、算例定义和求解控制。其中,网格划分的具体执行操作是通过调用 OpenFOAM 的 blockMesh 或 snappyHexMesh 等命令执行的。

HELYX – OS 具体功能特点包括:

(1)采用 GPLv2;

(2)支持算例文件直接读取、编辑和操作,具有详尽的前处理、网格划分、求解定义和后处理功能;

(3)采用 Java + VTK 开发语言,可以支持跨平台运行;

(4)持续的开发维护,支持最新版本的 OpenFOAM 及其求解器功能。

另外,Engys 公司还开发有商业版的 HELYX 软件。相比仅包含前后处理的开源的 HELYX – OS 软件,HELYX 是一款完整的 CFD 软件。它除了包括 HELYX – OS 全部功能外,具有一些特殊的商业版功能和服务,例如完整的技术文档、软件支持以及部分基于 OpenFOAM 程序的算法优化改进等。感兴趣的读者可以通过在线资源进行进一步了解。

13.2 起源与发展

HELYX – OS 1.0 版本软件发布于 2012 年 9 月。目前,最新版本为 2.1.1(2014 年 7 月)。

13.3 安装

通过在线资源,可以获得 HELYX – OS 安装文件包(二进制可执行文件或源代码)。对于二进制可执行文件,目前在线资源仅仅发布了支持 Linux 操作系统的版本。

在 Linux 操作系统中,执行下载的安装文件包,即可完成安装。对于其他的操作系统,例如 Windows 操作系统,需要配合 Java 编译 JDK 和 JRE 环境进行安装和运行,具体可以参考源代码安装文件包中的安装和运行说明。

13.4 开始使用

通过运行 HELYX – OS 运行文件包(JRE),即可启动软件。启动后的软件界面(如图 13 – 1 所示)。主界面采用通用软件界面,布局简单。顶部为标题栏和菜单栏以及工具栏。工具栏包括了基本的新建、打开、保存、视图缩放、基准视图和视图模式(线框显示、表面显示和带边线表面显示)及退出等工具。

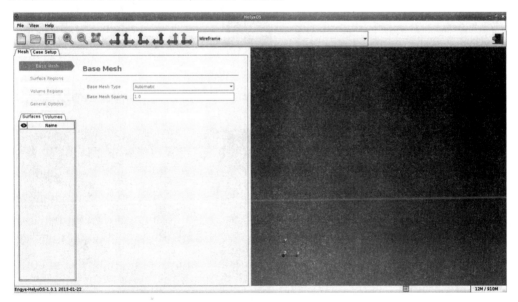

图 13 – 1 HELYX – OS 主界面

所示的界面左侧为功能标签页,包括网格划分(Mesh)和算例设定(Case Setup)。右侧为视图与工作区。在网格划分标签页面,可以设定划分区域、表面区域和预先定义场区域。

导入 OpenFOAM 自带的算例模型 cavity，进入算例设定标签页面（如 13 - 2 所示）。算例设定标签页包含了求解器类型和基本模型设定，材料设定，边界条件设定，单元区域设定，初始化场设定，求解器参数设定和运行监测及启动计算命令。求解器类型选择包括瞬态或稳态计算、可压缩或不可压缩计算、湍流模型和能量方程及浮升力模型等。相关选项和模型与 OpenFOAM 中的内容一一对应。用户通过界面的操作，可以方便的编辑和修改 OpenFOAM 算例。

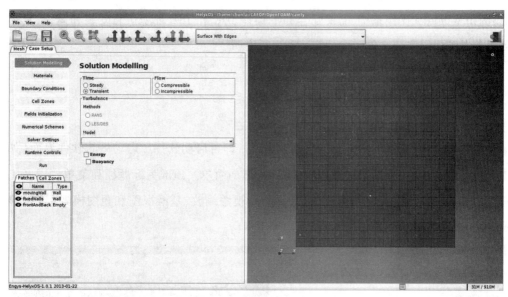

图 13 - 2　HELYX - OS 求解设定示例

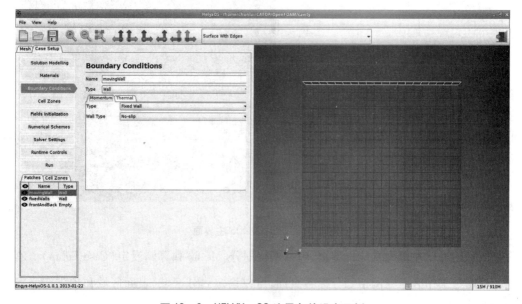

图 13 - 3　HELYX - OS 边界条件设定示例

　　具体的边界条件设定(如图 13 – 3 所示)包括全部预先定义的边界条件。用户应逐一定义边界条件名称和对应类型,确认相关参数。然后,再通过其他选项完整的定义 OpenFOAM 算例文件,就可以进行 CFD 运算了。

　　定义完成的模型算例通过执行运算(Run),可以直接调用相应的求解器程序进行计算,也可以观察残差趋势等数据。计算结果可以通过 paraFoam 或 ParaView 可视化的显示出来。

　　总之,Engys 公司开发的开源的 HELYX – OS 为使用 OpenFOAM CFD 提供了极大的方便。在一定程度上可以把开源的 HELYX – OS 看做是 HELYX 软件的开源版,其中不包括某些特定的软件功能,例如针对前处理的几何建模、求解器特定算法的优化代码和专业技术文件及支持服务。从商业角度来说,这也是开源软件服务商业化盈利的一种模式。

13.5　在线资源

　　http://engys. com/products/helyx – os

　　http://sourceforge. net/projects/helyx – os

　　http://engys. com

14 ParaView

CFD 后处理软件

14.1 功能与特点

ParaView 是一款开源的数据分析与可视化处理软件,可以作为专业的 CFD 后处理工具使用。ParaView 采用 C++语言开发,基于 VTK 技术实现数据可视化,并使用了 Qt 类库实现了用户界面 GUI。

ParaView 可以处理和分析大量数据,特别是对二维和三维数据进行绘图和可视化处理。以 CFD 后处理为例,ParaView 可以绘制数据曲线、云图、矢量图、迹线图和自定义剖面或分组分区视图。

ParaView 数据支持格式包括 VTK、case、CSV、LSDYNA、JPG 等众多类型的数据、图形图像存储格式及结果文件,能够满足绝大多数 CAE 软件后处理功能需求,并支持 Python 脚本程序编程操作。

软件具体功能与特点包括:

(1)采用 BSD,并附加 Los Alamos License,具体请参考在线资源;

(2)支持二维和三维数据处理和分析;

(3)支持数据计算、绘制云图、矢量图、迹线图、剖面图、切面图和分组分组视图;

(4)支持多种数据存储格式文件类型,例如 VTK、CSV、XML 和 VRML 等,并支持众多软件模型格式,具体包括:Ensight、OpenFOAM、AVS、BUY、NetCDF、CHT、COSMOL、Enzo、Exodusll、Flash、Fluent、Gaussion Cube、LSDyna、MFIX、PLOT3D、POP Ocean、SESAME、SLAC、Tecplot、Wavefront 和 XMol 等软件文件,以及 JPEG 和 PNG 等图形图像格式;

(5)支持导出 VRML、VRML 和 X3D 等,支持输出图像和动画格式;

(6)支持规则图形建立和文本标注;

(7)支持 Python 脚本程序操作和宏命令操作;

(8)支持高性能图像处理和并行处理,支持远程操作;

（9）支持几乎全部操作系统，支持超级计算机平台。

总之，ParaView 是一款功能强大的数据分析和后处理软件，在大规模数据处理，特别是支持高性能图形计算和并行处理的数据可视化方面具有显著优势。具体请参见参考文献。

14.2 起源与发展

ParaView 项目最早开始于 2000 年，由 Kitware 和 Los Alamos National Laboratory 共同组织开发。项目于 2002 年首次发布 ParaView 0.6 版本，于 2007 年 5 月发布 3.0 版本。目前，最新稳定版本为 4.2(2014 年 10 月)，测试版本为 4.3(2014 年 12 月)。

14.3 安装

以 Ubuntu 安装 ParaView 为例。在 Ubuntu 软件中心搜索 paraview，点击安装软件即可完成和软件自动配置(如图 14 - 1 所示)。

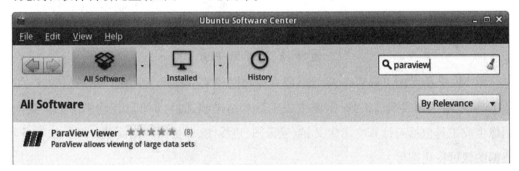

图 14 - 1 ParaView 软件中心安装

通过 apt - get 方式也可完成安装。在终端执行安装 ParaView：

```
$ sudo apt - get install paraview
```

对于其他操作系统，例如 Windows 等，通过在线资源下载对应操作系统的安装文件后进行安装。需要注意区分 32 位和 64 位软件版本。另外，根据一些软件的功能需求，特别是求解器软件在发布时，已经自带了某一版本的 ParaView 软件，例如在安装 OpenFOAM 时，OpenFOAM 2.1.1 已经自带了 ParaView 3.12。

14.4　开始使用

安装完成后,通过程序菜单、快捷方式或命令行终端输入"paraview",均可以启动软件。启动后的 ParaView 进入界面(如图 14 – 2 所示)。

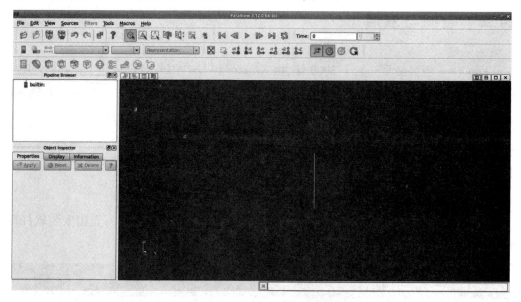

图 14 – 2　ParaView 界面

图 14 – 2 所示的 ParaView 界面顶部为标题栏和菜单栏及工具栏。工具栏包含了视图工具、变量选择或筛选工具、图像生成工具和结果帧选择(时间)与动画工具。其中,图像生成工具包括有计算变量定义、生成云图、迹线图、矢量图和剖面及分区分块等各种数据图像可视化图形。

压力云图示例(如图 14 – 3 所示)是利用 ParaView 导入了 OpenFOAM 自带的 cavity 算例结果。除了使用软件自带的打开功能外,还可以在 OpenFOAM 中使用 paraFoam 命令启动后处理,显示结果。OpenFOAM 推荐使用 paraFoam 进行后处理。

重新观察界面可以看到,界面左侧的对象浏览器已经包含一个 cavity. OpenFOAM 对象,目前显示的就是该数据对象的内容。对象浏览器下侧是属性显示面板,通过面板选择可以调整视图显示,包括删除或显示部件、网格、边界和名称等。通过面板可以灵活的调整显示内容和样式。

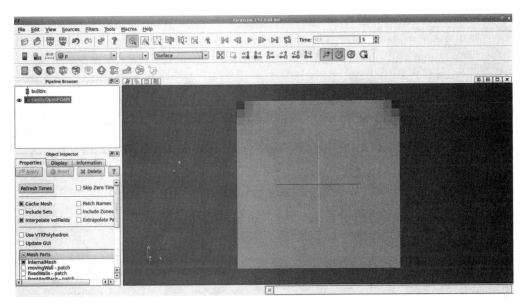

图 14 - 3　ParaView **压力云图示例**

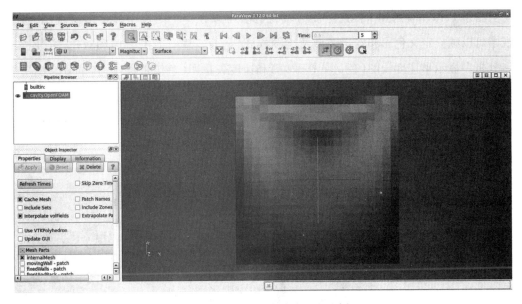

图 14 - 4　ParaView **速度云图示例**

通过图例菜单栏可以调整显示色彩和样式(如图 14 - 5 所示)。

图 14 - 4 所示为默认采用的冷暖色谱(Cool to Warm),通过图 14 - 5 所示的面板也可以将其调整为蓝红色谱(Blue to Red)等其他样式。

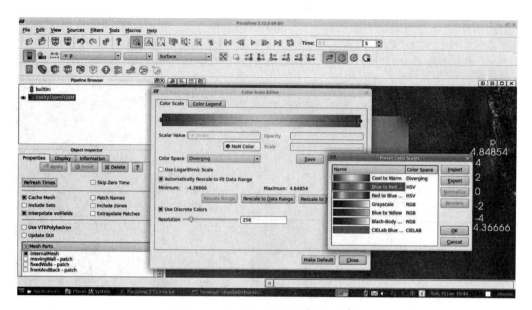

图 14 - 5 ParaView 调整视图样式示例

由于 ParaView 采用了图层绘图方式,因此,可以在一个图像中显示多层视图,各层视图可以独立定义色彩和变量类型及绘图样式,从而实现有效的参照和对比,方便进一步分析。显示了速度云图(色谱依据速度)和速度矢量图(色谱依据压力)的复合图层图像(如图 14 -6 所示)。

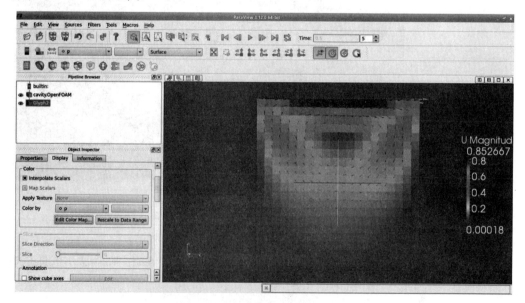

图 14 - 6 ParaView 多层视图示例

通过 ParaView 灵活的可视化方法,可以建立多种样式的后处理图像,方便用户进一步分析数据。图 14 -7 所示是一个相对复杂的强迫对流流场 CFD 算例后处理结果。其中使用了多层图形切面、云图和矢量等方式。

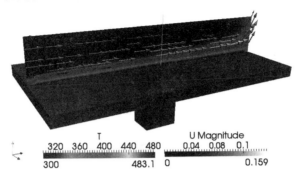

图 14 - 7　复杂流场的后处理示例

综上所述,ParaView 软件提供了一款专业的 CAE 数据后处理解决方案。限于篇幅,ParaView 还有很多功能没有详细展开介绍,例如复杂区域的分区绘图,灵活的 Python 编程操作和并行后处理操作等。更多的功能,还需要用户在使用过程中逐渐摸索,满足自身需要的同时发挥软件的特点和优势。

在软件使用上,除了以上介绍的 OpenFOAM 外,其他的开源 CFD 求解器等软件也支持使用 ParaView 进行结果后处理和可视化。一些商业软件也使用 ParaView 作为后处理工具,例如 ASCOMP TransAT 等。

14.5　在线资源

http://www.paraview.org

14.6　参考文献

[1]Amy Henderson, Jim Ahrens and Charles Law. The ParaView Guide, by Published by Kitware Inc. 2004, Clifton Park, NY.

[2]Williams D, Bremer T, Doutriaux C, et al. Ultrascale Visualization of Climate Data, Computer, IEEE Computer Society. 2013,46(9):68 - 76.

[3]DeMarle D, Geveci B, Ahrens J , et al. Streaming and Out - of - Core methods, High Performance Visualization:Enabling Extreme Scale Scientific Insight, CRC Press, 2013.

[4]J. Ahrens,B. Geveci and C. Law. ParaView:An End - User Tool for Large Data Visualization. Energy, vol. 836, 2005, pp. 717 -732.

15　Code_Aster

开源的 FEM 求解器

15.1　功能与特点

Code_Aster 是法国电力公司（EDF）开发的一款开源的基于有限元法的数值求解器。作为通用的 FEM 求解器，Code_Aster 可以用于求解多种专业的工程模拟及仿真问题，例如传热问题、结构力学问题以及线性、非线性和动力学问题的求解。在此基础上，软件还可以用于更多的方面，例如疲劳分析、裂纹、接触、多孔介质和多物理场耦合问题等。

Code_Aster 基于 Fortran 和 Python 语言开发。Code_Aster 是一个独立的求解器程序，本身不包括几何建模和前处理及后处理功能。用户使用 Code_Aster 需要事先完成建模和前处理，输入网格和输入卡等信息给 Code_Aster，并执行计算程序，求解器将计算结果输出。输出的结果根据求解问题，主要包括位移、应力、应变和温度等。

为了更方便的使用 Code_Aster，填补可视化的几何建模、前处理和后处理功能，可以通过相应的接口将 Code_Aster 融合嵌入到其他的软件中，例如把 Code_Aster 内建在 SALOME 中，从而构成 Salome－Meca 软件。Salome－Meca 包括了 SALOME 的 CAD 几何建模和前后处理功能，再加上 Code_Aster 的求解器模块，组建成为一个完整的用于 CAE FEM 仿真平台。

Code_Aster 主要功能和主要特点包括：

（1）采用 GPL；

（2）能够求解稳态或瞬态的传热学和动力学问题；

（3）支持三维单元（线性和非线性）、二维单元（平面应力/应变和对称）、板/壳单元、梁/杆/线缆/管道单元和质量/弹簧/阻尼单元等多种 FEM 单元类型；

（4）支持广泛的求解问题，包括结构静力学和动力学问题，振动、噪声和模态分析，流固、热流固耦合问题和电磁场问题等；

（5）支持三类非线性问题，包括材料非线性问题，大位移、大应变和转动问题，非线性接触和摩擦问题；

（6）支持高级 FEM 类型问题，包括多孔介质问题，疲劳、裂纹和损伤问题，金属成型问题，地震分析，旋转机械系统分析及 XFEM 拓展有限元法分析等；

（7）支持求解过程控制、非线性算法和子结构控制；

（8）支持并行计算；

（9）支持 Python 脚本程序编程控制；

（10）支持多操作系统平台，以 Linux 和 FreeBSD 操作系统为主，目前已通过移植开发支持 Windows 操作系统；

综上所述，Code_Aster 是一款开源的 FEM 求解器，可以用于求解各种 FEA 问题。在使用过程中，通过自定义文本模型或借助其他的建模及前后处理软件，可以实现复杂模型的 FEM 求解。

15.2 起源与发展

Code_Aster 最初是由 EDF 研发的一款 FEM 计算程序，从 2001 年 10 月开始采用 GPL 公开发布。Salome - Meca 则是开发人员通过将 Code_Aster 以功能模块形式嵌入 SALOME 软件构成的，成为了一个完整的 CAE FEM 仿真和分析软件。目前，Code_Aster 最新的版本为 12.2，稳定版本为 11.6（2014 年 6 月），Salome - Meca 最新版本为 2014.2（2014 年 7 月，采用 LGPL）。

15.3 安装

用户需要通过在线资源下载软件安装包，根据安装说明进行安装。

一般用户也可以直接下载安装 Salome - Meca 软件，即可集成使用 SALOME 和 Code_Aster。

具体安装过程可以参考在线资源。

15.4 开始使用

软件安装完成后，用户可以直接将 Code_Aster 作为独立的求解器，运行和计算相应的模型。由于 Code_Aster 没有用户操作界面，因此，相应的模型建立、前后处理和程序开发需要进行直接的文本编辑。限于篇幅及表现形式限制,具体的计算示例、算例代码、程序算法和数据结构等信息请参考软件帮助系统和在线资源。

Salome – Meca 提供了完整的可视化用户操作界面,可以较为方便的集成使用 Code_Aster 求解器。在此以 Salome – Meca 为例。启动 Salome – Meca 后,通过工作台切换即可进入 Aster 模块(如图 15 – 1 所示)。其中,工具栏包括了专用于 Aster 求解器的图标,包括新建算例、编辑、运行计算和停止等,目前集成专用求解功能工具包括有线弹性分析、模态分析、传热(线性)分析和裂纹分析(XFEM)。对于其他高级的求解自定义和功能设定,则需要用户在算例定义过程进行手动的编辑和修改。

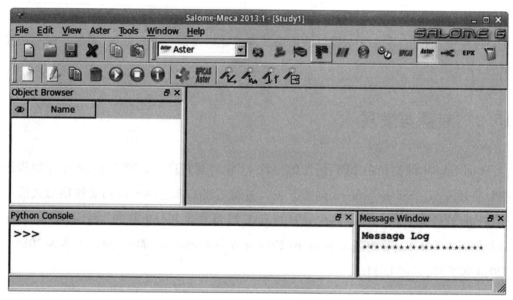

图 15 – 1　Salome – Meca Aster 界面

定义好的算例可以直接通过求解计算按钮调用 Code_Aster 进行计算。Salome – Meca 采用 EDF 开发的 ASTK 软件管理和调度 Code_Aster 求解器(如图 15 – 2 所示)。ASTK 软件是采用 Tcl/Tk 开发的用于 Code_Aster 启动的界面程序。通过软件可以定义算例对象、选择服务器及求解器版本和显示计算过程信息等。ASTK 软件为用户提供了一个良好的可视化的求解器管理工具。另外,ASTK 还包括了一个 ASJOB 工具,用于浏览各种类型的结果文件。感兴趣的用户可以通过在线资源做进一步的了解。除了通过 Salome – Meca 调用 ASTK,ASTK 也可以作为独立的软件使用。

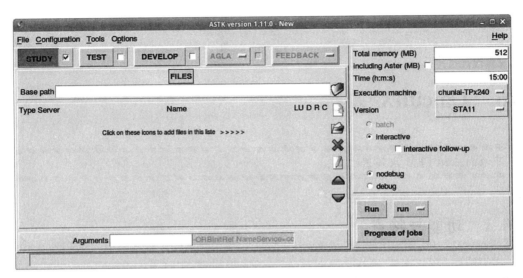

图 15 - 2   Aster ASTK 界面

总之,Code_Aster 是一款采用 Fortran 和 Python 开发的开源的 FEM 求解器,支持用于对于众多工程领域的 FEA 问题。在 SALOME 基础上集成 Code_Aster,从而形成了 Salome - Meca 软件,为使用者提供了一个完整的 CAE 几何建模、前处理、网格划分、FEM 求解和后处理的 FEA 仿真分析平台。

15.5   在线资源

http://www. code - aster. org

15.6   参考文献

[1]Aster C, EDF R D. Finite element code for structural analysis, GNU general public licence.

[2]Hornet P, Pendola M, Lemaire M. Failure probability calculation of an axisymetrically cracked pipe under pressure and tension using a finite element code. ASME - PUBLICATIONS - PVP, 1998, 373: 3 - 8.

[3]Proix J M, Laurent N, Hemon P, et al. Code Aster, manuel de référence. Fascicule R, 2000, 8.

16　CalculiX

开源的三维 FEM 求解器

16.1　功能与特点

CalculiX 是一款开源的用于结构强度分析的 FEM 求解程序,采用 GPL 发布。程序使用近似商业 FEA 软件 Abaqus 的 INP 输入文件格式(及 INP 使用的部分关键字)作为求解器输入文件。

CalculiX 包括两个功能模块,一个是由 Guido Dhondt 开发的 FEM 求解程序 ccx(CalculiX CrunchiX),另外一个是由 Klaus Wittig 开发的前后处理用户界面程序 cgx(CalculiX GraphiX)。

CalculiX 求解器基于 FEM,能够求解多种物理问题,包括稳态或瞬态计算,线性和非线性几何及材料问题。典型求解问题包括稳态或瞬态结构力学、线性频率、模态分析、显式和隐式非线性动力学、稳态或瞬态传热学和热固耦合问题、稳态网络、CFD(限于层流不可压缩流体)和电磁学等。支持多种 FE 单元类型,详见后续介绍。

作为一款 FEM 求解器程序,CalculiX 的 ccx 主要功能和特点包括:

(1)求解器输入文件采用类似 Abaqus INP 文件格式,及其大部分关键字定义方式;

(2)支持稳态和瞬态及线性和非线性多种问题求解;

(3)支持绝大部分 FE 单元类型,包括 8 节点、20 节点六面体单元等;

(4)支持多种线性方程求解算法;

(5)支持多种载荷类型,包括集中力、分布压力、残余应力、温度、热流和预定义对流和辐射换热等。

(6)支持多种边界条件,包括对称、单点约束、线性多点约束和罚函数接触模型边界;

(7)支持多种动力学行为规则定义和求解,包括刚体位移,移动节点位移,节点转动和预紧力模型;

（8）支持多种线性方程求解算法,包括 SPOOLES、SGI 和 PARDISO 等；

（9）支持多种计算变量结果输出,包括位移、速度、应力、应变、能量密度,温度、热流,CFD 问题的静态压力、马赫数,以及电磁场问题的电流密度、电场和磁场强度等。

作为 CalculiX 的前后处理使用的用户界面程序,cgx 主要功能和特点包括：

（1）具有用户界面交互操作功能；

（2）支持多种 FEM/FVM 求解程序或软件的前处理,包括 ccx、Abaqus、NASTRAN FEM、ANSYS FEM、DUNS – CFD、ISAAC – CFD 和 OpenFOAM；

（3）支持多种 FEM/FVM 求解程序或软件的后处理,包括 ccx、Abaqus、DUNS – CFD、ISAAC – CFD 和 OpenFOAM；

（4）支持创建、编辑和修改几何模型；

（5）具有模型组件编辑和操作功能；

（6）具有简单的网格划分功能,目前能够划分的网格类型包括梁单元(2 或 3 节点)、三角形(3 或 6 节点)、壳单元(4 或 8 节点)和砖单元(8 或 20 节点六面体)；

（7）支持模型视图和交互式操作浏览；

（8）具有后处理结果可视化功能,以及变形效果叠加、动画输出、结果几何影射、切面扫描和结果变量时间曲线绘制；

（9）支持输出结果视图为 postscript 和 xwd 格式。

随着 CalculiX 求解器的进一步开发,程序功能逐渐完善,通过建模及前处理操作,可以实现对复杂多物理场耦合问题的 FEM 求解。

16.2　起源与发展

CalculiX 程序最初是在 Linux 操作系统平台下开发和运行的,后来由 Convergent Mechanical 公司将其移植到 Windows 操作系统平台。

目前,最新版本软件为 CalculiX 2.8(2015 年 1 月)。

16.3　安装

以 Ubuntu 为例,可以通过 Ubuntu 软件中心搜索“calculix”,即可搜索到 CalculiX 软件(如图 16 – 1 所示)。其中包括了 2.5 版和 2.6 版软件,以及其他一些外部的辅助工具,例如 Candystore 等。使用者可以根据自身需要点击安装,系统将自动完成安装和配置。

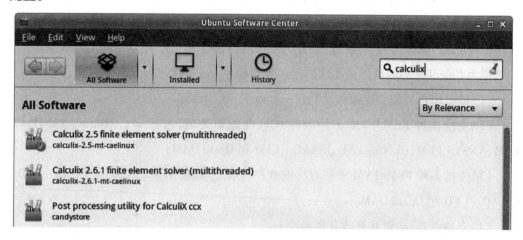

图 16 - 1　CalculiX 软件中心安装

由于 Ubuntu 软件源测试和更新滞后的原因,最新 2.8 版本的 CalculiX 还无法从 Ubuntu 软件中心获得。因此,对于需要最新版本软件的用户,则需要通过在线资源下载对应的源程序,并在本机执行编译,即可完成软件安装。具体可以参考在线资源的安装说明。

对于 Windows 版本软件,需要从在线资源的 Convergent Mechanical 公司网站下载移植后的安装文件包,然后进行安装即可。为了方便用户使用,Windows 版本发布的安装文件包中还包含了一些辅助工具,例如 Gnuplot 和采用 Lua 协议发布的 SciTe 软件。SciTe 软件是一款功能全面的文本编辑器软件,可以自动识别和高亮各种类型程序语言的关键字,并提供外部程序调用。具体可以参考安装文件包说明文件和 bConverged 软件发布协议。

16.4　开始使用

以 Linux/Ubuntu 操作系统为例。安装完成的 CalculiX 软件主要包括两个程序,一个是前后处理程序 cgx,另外一个是求解器程序 ccx。用户如果想使用 CalculiX 程序,只需要在终端命令窗口执行 cgx 或 ccx 及对应的功能参数,即可运行程序。

与其他 FEA 软件类似,使用 CalculiX 开展 FEM 求解分析的基本步骤:首先,建立几何模型,实施网格划分及前处理操作,完成求解器输入卡文件;其次,执行求解程序,获得计算结果;最后,通过后处理程序进行数据分析、可视化和曲线绘图及其他分析工作。

利用 cgx 进行前处理及实施网格(四边形壳单元 S4)划分(如图 16 - 2 所示)。

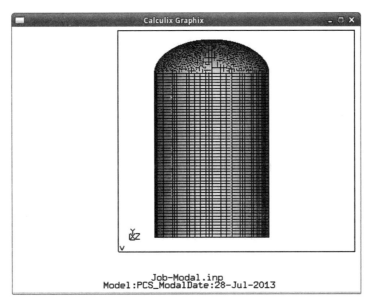

图 16 - 2 CalculiX cgx 前处理示例

本算例进行了 FEM 模态分析。算例 INP(inp)输入卡文件代码中使用了多种关键字,并分区分段定义了求解域、单元类型、材料、编边界条件和求解步及输出结果等。

具体来说,示例输入卡文件例如采用"Part"关键字定义了零部件,各节点坐标逐一列出。使用"Element"声明了单元类型为"S4R",各单元编号、位置和节点等信息逐一列出。使用"Material"声明了材料为"Material - 1",并定义了密度"Density"等。使用"Boundary"定义了边界条件,包括对应零部件及位置和边界条件类型。使用了"STEP"字段定义了求解步(Step - 1),求解选项为"perturbation",模态频率数量最高为 20 Hz。最后定义了数据结果输出,使用"OUTPUT REQUESTS"和"FIELD OUTPUT"等字段定义了各种数据输出结果及要求。除了示例之外,CalculiX 支持绝大部分的 Abaqus INP 输入文件关键字。用户也可以使用 ccx 求解由 Abaqus 前处理生成的 INP 文件。需要注意的是,Abaqus 前处理生成的 INP 文件中包含一些通过界面操作选择的对象以及高级功能的特殊关键字。ccx 在求解时可能无法处理这些关键字,导致求解失败。

示例代码摘要显示如下:

```
* Heading
Model：PCS_Modal        Date：28 - Jul - 2013
* *  Job name：Job - Modal Model name：Model - 1
```

```
...
* Part, name = PCS
* Node
      1,   - 19813. 2109,              0. ,              0.
...
* Element, type = S4R , ELSET = Eall
   1,     1,   11,   563,   178
...
* Material, name = Material - 1
* Density
7. 83e - 09 ,
...
* * BOUNDARY CONDITIONS
* *
* * Name: BC - 1 Type: Displacement/Rotation
* Boundary
Set - 1 , 1 , 1
...
* * STEP: Step - 1
* *
* Step, perturbation
* Frequency
20
* * OUTPUT REQUESTS
* *
* * * Restart, write, frequency = 0
* *
* * FIELD OUTPUT: F - Output - 1
...
```

通过终端命令行执行 ccx,读取并求解 INP(inp)输入卡文件,计算结果使用 cgx 显示(如图 16 – 3 所示)。具体的计算结果可以参考本节的参考文献。

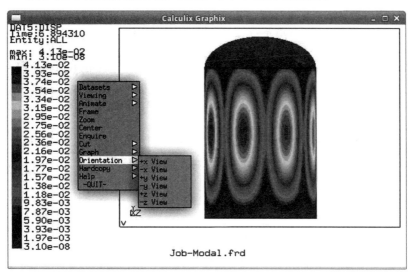

图 16 – 3　CalculiX 计算结果显示及菜单示例

从图 16 – 3 可以看到,cgx 采用了快捷菜单式的交互菜单。主体区域为工作绘图区,在右侧辅助区域单击鼠标右键可以打开快捷菜单。用户通过快捷菜单及各项功能,实现各项功能和操作。

CalculiX 程序作为 FEM 求解器,支持多种 FE 单元类型(如表 16 – 1 所列)。

表 16 – 1　CalculiX FE 单元类型

单元编号	说　明	单元编号	类　型
C3D8/F3D8	8 节点砖六面体单元/流体单元	CPS8/CPS8R	8 节点平面应力单元/缩减积分单元
C3D8R/F3D8R	缩减积分 8 节点六面体单元/流体单元	CPE3	3 节点平面应变单元
C3D8I	非协同 8 节点六面体单元	CPE4/CPE4R	4 节点平面应变单元/缩减积分单元
C3D20	20 节点六面体单元	CPE6	6 节点平面应变单元
C3D20R	缩减积分 20 节点六面体单元	CPE8/CPE8R	8 节点平面应变单元/缩减积分单元
C3D4/F3D4	4 节点四面体单元	CAX3	3 节点轴对称单元

续表

单元编号	说明	单元编号	类　型
C3D10	10 节点四面体单元	CAX4/CAX4R	4 节点轴对称单元/缩减积分单元
C3D6/F3D6	6 节点楔形单元/流体单元	CAX6	6 节点轴对称单元
C3D15	15 节点楔形单元	CAX8/CAX8R	8 节点轴对称单元/缩减积分单元
S3	3 节点壳单元	B31/B31R	2 节点梁单元/缩减积分单元
S4/S4R	4 节点壳单元/缩减积分壳单元	B32/B32R	3 节点梁单元/缩减积分单元
S6	6 节点壳单元	D	3 节点网络单元
S8/8R	8 节点壳单元/缩减积分壳单元	GAPUI	2 节点单向间隙单元
CPS3	3 节点平面应力单元	DASHPOTA	2 节点三维阻尼单元
CPS4/CPS4R	4 节点平面应力单元/缩减积分单元	SPRINGA	2 节点单位弹簧单元
CPS6	6 节点平面应力单元	DCOUP3D	1 节点耦合单元

通过以上介绍可以初步了解到 CalculiX 的基本功能和使用流程。作为一款用于 FEM 的数值求解程序,CalculiX 具有开源、灵活和稳定性好的特点。随着开发的持续和深入,很多新的模型和算法也逐渐融入到求解程序中,同时,前后处理使用的 cgx 也日趋完善。借助 Abaqus 计算模型输入文件 INP 格式及其关键字,可以方便的建立 CalculiX 求解算例输入文件。另外,还出现了一款由 Justin Black 开发的名为 pycalculix 的 Python 类库,通过 Python 脚本语言编程和调用相应方法,可以实现基于 CalculiX 的二维模型前后处理和求解计算。总之,CalculiX 为三维结构 FEA 提供了一款出色的求解器和前后处理软件。

16.5　在线资源

http://www.calculix.de

http://www.dhondt.de

http://en.wikipedia.org/wiki/calculix

http://www.bconverged.com/calculix

http://justinablack.com/pycalculix

16.6　参考文献

［1］Guido Dhondt. The Finite Element Method for Three – Dimensional Thermomechanical Applications. Wiley, Hoboken. 2004.

［2］Guido Dhondt. CalculiX CrunchiX USER'S MANUAL version 2.8. 2015.

［3］Tian Chunlai, Yang Lin, Zhao Ruichang. Computational modal analysis of a steel nuclear containment vessel. 2013 2nd International Conference on Mechanical Design and Power Engineering(ICMDPE 2013), Nov. 30, Beijing, China.

17　FreeFEM + +

开源的偏微分方程求解程序

17.1　功能与特点

FreeFEM + +是一款开源的偏微分方程求解程序。FreeFEM + +的前身是 FreeFEM 程序。对于模拟数学、物理和工程等领域常见的偏微分方程(PDE)及其构成的复杂系统问题,FreeFEM 及 FreeFEM + +采用有限元法进行数值求解。

FreeFEM + +具有三维和二维偏微分方程的数值求解功能,自身支持使用 FreeFEM 脚本程序语言,可以用于求解多物理非线性系统问题。FreeFEM + +是基于 C + + 语言开发的 FEM 数值计算程序,支持多操作系统平台运行。

作为 FEM 数值计算程序,其功能和特点主要包括:

(1)采用 LGPL;

(2)支持二维和三维的偏微分方程求解;

(3)自动网格划分;

(4)包含大量的计算函数及 FEM 函数;

(5)包含大量的线性数值求解器及代数运行求解器,例如 LU、Cholesky、Crout 和 UM-FPACK 及 ARPARK 等;

(6)采用 FreeFEM 脚本程序语言进行编程;

(7)支持 MPI;

另外,还提供一个可作为集成开发环境的 FreeFEM + + - cs 软件。通过该软件,使用者可以直接操作界面,进行代码编程、求解控制和结果可视化。

17.2　起源与发展

FreeFEM + +程序是 FreeFEM 系列软件的最新版本系列。FreeFEM 程序最早发布于 1987 年,是由 Olivier Pironneau 教授最初开发的。FreeFEM 其前身称为 MacFem,以及随后的 PCfem,这些程序都是采用 Pascal 语言开发。随后,开发者使用 C 语言以及后来的 C + + 语言重写了程序,并正式命名为 FreeFEM。

开发团队于 1996 年发布了 FreeFEM + ,随后,于 1998 年发布了 FreeFEM + + ,并持续进行软件的维护和开发。由于需求的不断增加和新的研究成果的开发,各种新功能不断添加到软件中。

目前,FreeFEM + + 最新版本为 3.33(2014 年 12 月)。后续开发计划中,包括有限体积法、三维新单元和网格划分工具的不断完善,以及进一步的并行计算稳态性测试和接口开发等。

17.3 安装

使用者可以通过在线资源下载 FreeFEM + + 和 FreeFEM + + - cs。根据安装说明进行安装,即可完成安装。需要注意的是,一些功能可能需要安装辅助第三方的软件,例如在使用 MPI 时,需事先安装 OpenMPI 等。

17.4 开始使用

为了更好地介绍 FreeFEM + + 的示例和使用流程,限于篇幅和显示方式,使用具有 FreeFEM + + - cs 软件进行展示。启动 FreeFEM + + - cs(如图 17 - 1 所示)。

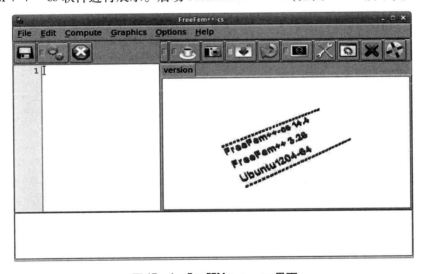

图 17 - 1 FreeFEM + + - cs 界面

从图 17 – 1 可以看到,FreeFEM + + – cs 软件采用标准界面布局,顶部为标题栏和菜单栏,然后是工具栏。界面分三个主工作区:上部左侧为程序代码编辑区,右侧为结果显示区(初始显示软件和系统信息),下部为信息提示区。

以求解二维泊松方程为例,输入求解 L 形求解域 FreeFEM 程序代码如下:

```
border aaa(t =0,1) {x =t;y =0;};
border bbb(t =0,0.5) {x =1;y =t;};
border ccc(t =0,0.5) {x =1 -t;y =0.5;};
border ddd(t =0.5,1) {x =0.5;y =t;};
border eee(t =0.5,1) {x =1 -t;y =1;};
border fff(t =0,1) {x =0;y =1 -t;};
mesh Th = buildmesh (aaa(6) + bbb(4) + ccc(4) +ddd(4) + eee(4) + fff(6));
fespace Vh(Th,P1);
Vh u =0,v;
func f = 1;
func g = 0;
int i =0;
real error =0.1, coef = 0.1^(1./5.);
problem Probem1(u,v,solver =CG,eps = -1.0e -6) =
int2d(Th)( dx(u) * dx(v) + dy(u) * dy(v))
+ int2d(Th) ( v * f)
+ on(aaa,bbb,ccc,ddd,eee,fff,u =g);
for (i =0;i < 10;i + +){
real d = clock();
Probem1;
plot(u,Th,wait =1);
Th = adaptmesh(Th,u,inquire =1,err = error);
error = error * coef;
};
```

FreeFEM + +自带的 FreeFEM 脚本程序语言类似 C + + 语言,包含了针对 PDE 和

FEM 建模及计算的对象和函数,例如示例代码中定义的边对象(border)、网格对象(mesh)、函数对象(func)和求解问题对象(problem),以及使用的方法包括 buildmesh 和 adaptmesh 等。

通过点击 Computer 按钮,调用 FreeFEM + + 执行以上程序,求解信息将刷新显示在信息栏中。软件界面及计算结果(如图 17 - 2 所示)。

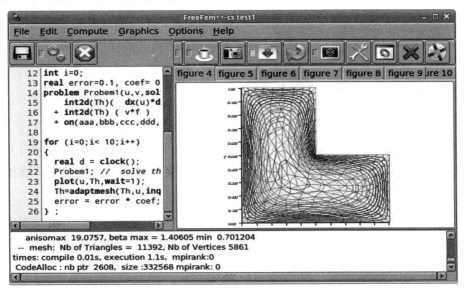

图 17 - 2   FreeFEM + + - cs 使用示例

以上介绍了 FreeFEM + + 的基本功能。作为开源的 FEM 求解程序,FreeFEM + + 利用 FreeFEM 程序代码,使得用户能够求解各种 PDE 方程。当然,FreeFEM + + 的强大功能远不止如此。另外,FreeFEM + + - cs 软件提供了一个集成的开发环境,较好地方便了用户的使用。

17.5   在线资源

http://www.freefem.org/ff + +/

http://www.ann.jussieu.fr/lehyaric/ffcs/

17.6   参考文献

[1]Hecht,F. New development in FreeFem + +. J. Numer. Math. 20(2012),no. 3 - 4, 251 - 265.65Y15.

18   Impact

开源的显式动力学 FEM 求解程序

18.1   功能与特点

Impact 是一款开源的显式动力学有限元求解程序。程序主要采用显式动力学求解算法模拟碰撞、撞击和大变形过程。Impact 支持多种 FE 单元类型,多种接触和材料模型。

Impact 完全基于面向对象的 Java 语言开发,支持跨操作系统平台运行和分布式并行计算。软件采用 GPLv2。

Impact 采用用户界面操作方式(GUI),内建了建模、前处理、求解和后处理模块,目前支持外部 FE 模型导入,包括 NASTAN 模型等,支持专业前处理软件 GiD 模型导入接口。在前处理方面,Impact 采用 ASCII Fembic 数据文件格式作为默认的仿真模型数据文件格式。

目前,Impact 只能处理"不可压缩"的显示动力学问题,例如经过简化假设的汽车碰撞,飞射物撞击,加工和冲击成型等问题。

18.2   起源与发展

根据在线资源显示,Impact 最早发布于 2002 年 3 月。程序由 Impact 开发团队负责维护和支持。目前,最新版本是 0.7.06.042(2014 年 2 月)。

18.3   安装

用户可以通过在线资源下载软件安装包,在本地目录解压后即可完成安装。

由于 Impact 采用了 Java 语言开发,因此,在启动软件之前需要确保系统已具备 Java

运行环境,包括 JRE(或 JDK)以及 Java3D。

18.4   开始使用

用户启动 Impact,需要执行安装文件解压后文件夹中的对应不同操作系统的脚本命令,例如对应 Windows 系统的"ImpactGUI_OGL_windows_i586. bat"和对应 Linux 系统的"ImpactGUI_OGL_linux_amd64. sh"。

软件启动后即进入界面(如图 18 – 1 所示)。Impact 界面采用的简单的功能标签栏布局方式,顶部为标题,标题下方为功能模块标签,包括前处理、求解、后处理、绘图和帮助标签。通过点击不同的标签,即可进入对应功能模块。

标签下部是工具栏以及子功能模块中的工具栏。不同的功能模块其界面存在一些差异。在图 18 – 1 所示的前处理功能界面中,左侧是模型结构树,包括了表面和实体的点、单元和几何等信息。界面右侧大面积区域为工作区,工作区上部包含了专用的工具栏,例如前处理建模使用的点、线、面和体的创建、修改和编辑等功能。支持建立的单元包括点单元、2 节点线单元、弹簧单元、3 节点面单元、4 节点面单元、4 节点体单元和 8 节点体单元等。

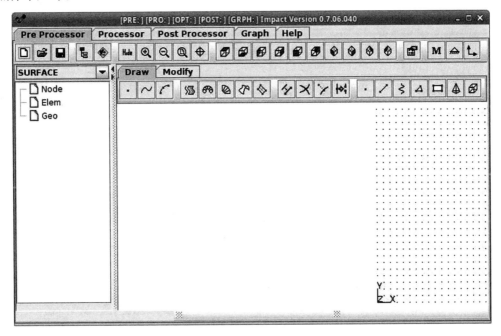

图 18 – 1   Impact 界面 – 前处理

点击标签进入后处理功能界面(如图 18 – 2 所示)。Impact 内建的后处理界面可以自定义显示风格和结果,包括显示网格、变形、云图填充、标签和切面显示等各种风格。

进入绘图功能界面(如图 18 - 3 所示)。绘图功能支持各种结果变量的数据表格建立、曲线绘制和图形输出。可以自定义绘图坐标轴限值和图形显示风格。

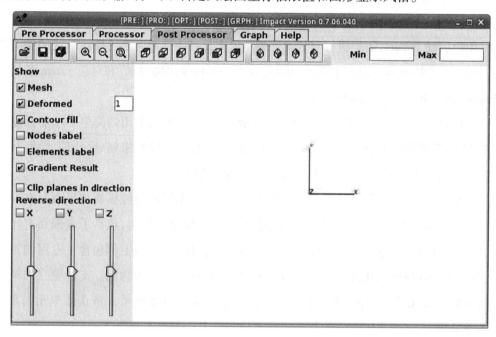

图 18 - 2　Impact 界面 - 后处理

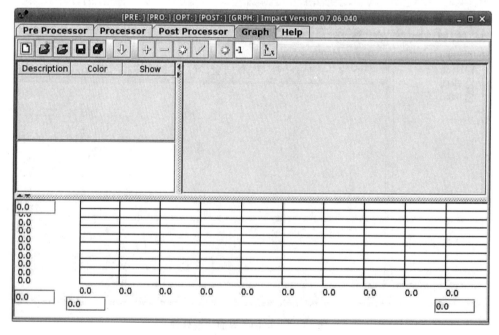

图 18 - 3　Impact 界面 - 绘图

点击标签进入帮助界面,即可进入 Impact 帮助系统(如图 18 − 4 所示)。Impact 帮助系统包括有程序介绍、代码框架结构和程序基本教程及示例等。采用面向对象 Java 语言开发的 Impact 程序包含了众多的对象。程序结构也清楚地显示了 Impact 程序结构,方便用户进行学习、使用和深入开发。

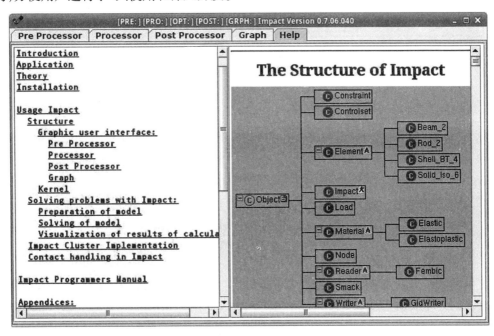

图 18 − 4　Impact 帮助系统

通过以上介绍可以看到,Impact 作为一款用于显式动力学 FEM 的求解程序,具备了完整的前后处理和求解模块。采用面向对象的 Java 语言开发,可以实现跨操作系统的运行以及便捷的后续开发和维护。目前,Impact 能够实现模拟碰撞、撞击和金属成形加工及其他非压缩的大变形问题。

18.5　在线资源

http://www.impact − fem.org

http://sourceforge.net/projects/impact

18.6　参考文献

[1]Belytschko T, Lin J I, Chen − Shyh T. Explicit algorithms for the nonlinear dynam-

103

ics of shells. Computer methods in applied mechanics and engineering, 1984, 42(2): 225 -251.

[2] Batoz J L. An explicit formulation for an efficient triangular plate – bending element. International Journal for Numerical Methods in Engineering, 1982, 18(7): 1077 – 1089.

19 SU2

开源的 CFD 求解器(偏微分方程求解程序)

19.1 功能与特点

SU2 是一款开源的多物理场数值求解与仿真程序,主要用于求解 CFD 问题、偏微分方程及优化问题。最初软件开发的主要目的是用来求解 CFD 问题和基于空气动力学的飞行器外形优化问题。

SU2 主要是由美国斯坦福大学 Aerospace Design Lab 组织领导开发和维护的,其名称来自于 Stanford University Unstructured 的缩写。随着开发持续,程序应用范围逐渐扩大,除了 CFD 和优化问题外,还包括电动力学方程、化学反应动力学方程和结构力学所涉及的领域等方面。

SU2 是基于 C + +语言开发的偏微分方程数值求解程序,采用模块化功能设计,支持多操作系统平台。

对于使用偏微分方程来描述的物理问题,SU2 提供了全面的求解程序来求解这些问题,实现多物理场的仿真模拟和分析。SU2 程序的主要功能和特点包括:

(1)采用 LGPLv2;

(2)采用非结构网格及网格拓扑结构自适应算法;

(3)包含有压缩流体和不可压缩流体的 Euler、Navier – Stokes 和 RANS 方程的求解器,以及电动力学、线性弹性力学方程、传热方程和波方程等的求解器;

(4)支持多网格分区和预定义等收敛加速算法;

(5)支持并行计算(OpenMPI);

(6)支持采用 Python 脚本程序控制求解过程及自动化;

(7)支持多平台操作系统运行;

(8)持续的开发和维护,具有完整的开发和技术文档。

另外,SU2 网格模型支持 CGNS 格式,还可提供有 Pointwise 和 Matlab 网格划分接口程序。enGrid 支持直接导出 SU2 网格模型。总之,SU2 是一款较新的开源 CFD 及 PDE 求解程序,目前仍在深入开发过程中。

19.2　起源与发展

如前所述,SU2 是由美国斯坦福大学 Aerospace Design Lab 开发的,其名称来自于 Stanford University Unstructured 的缩写。SU2 最初发布于 2012 年 1 月。目前,最新版本为 3.2(2014 年 6 月)。

随着程序开放式的持续发展,SU2 开发团队保持着高效地开发和维护。SU2 借助开发团队强大的理论支撑,持续保持技术更新,并引入了一些新的模型和算法,例如计划中的多组分非均匀流动模型、燃烧模型、两相流模型和磁流体模型以及多物理场强耦合求解问题。同时,研发团队始终在工程应用中进行研究实践和程序优化,也有越来越多的研究人员和工程技术人员开始熟悉和了解 SU2 程序。

19.3　安装

用户可以通过在线资源,直接下载安装文件。为了方便用户的使用,在线资源提供了 Linux(Red Hat)、Mac OS X 和 Windows 7 的程序执行文件。对于其他操作系统或下载源程序的用户,则需要在下载完成后依据安装文件信息进行编译。

SU2 还提供了教育版本程序(SU2_EDU)。SU2_EDU 是一个简化结构的 SU 版本程序,可以方便 CFD 入门用户学习和使用,包括课堂教学和研究等。另外,SU2 还提供了大量的测试算例,使用者可以下载这些测试算例和教程,通过测试和使用逐渐学习和熟悉 SU2。

19.4　开始使用

SU2 是由一系列的功能模块程序构成的。具体包括:

(1)SU2_CFD。基于 FVM 的 SU2 核心求解程序,包括求解 Euler、Navier – Stokes 和 RANS 方程等其他偏微分方程。支持采用 MPI 方式运行。

(2)SU2_MSH。网格自适应算法程序。

(3)SU2_DOT。梯度投影即偏导数计算程序,用于模拟几何外表面变化。

(4)SU2_DEF。网格变形计算程序,用于计算几何表面及周围体网格几何外形变化情况。

(5)SU2_PRT。网格分区程序。

(6)SU2_GEO。几何模型定义和前处理程序。

(7)SU2_SOL。求解结果输出程序。

另外,SU2 还包含 SU2_IDE 和 SU2_PY 两个文件夹。其中,SU2_IDE 提供了 SU2 集成开发环境功能程序,支持 Eclipse、Visual Studio、Wing 和 Xcode 等。

SU2_PY 文件夹中包含有众多的 Python 脚本语言程序,可以实现各种 SU2 计算过程控制和程序辅助功能。例如使用"parallel_computation. py"进行 MPI 求解控制,使用"finite_differences. py"进行有限差分计算,使用"autotest. py"实现 SU2 算例的自动检测,使用"config_gui. py"启动 SU2 算例设定文件的界面编辑器。

一个基本 SU2 算例包含多种 ACSII 格式的输入文件,至少要包括设定文件(. cfg,或称为输入卡文件)和网格模型文件(. su2)。其中,设定文件定义了求解类型和各种计算设定参数,网格模型文件定义了非结构化网格求解域。对于重新启动算例,还包括一些前置的计算结果等。

SU2 安装文件中自带了一个 cfg 设定文件的模板。用户可以参考该文件编辑和修改作为自己的算例设定文件使用。打开 SU2 目录中的"config_template. cfg",文件内容摘要显示如下:

```
% SU2 configuration file                                    %
...
% − − − − − − − −DIRECT, ADJOINT, AND LINEARIZED PROBLEM DEFI-
NITION − − − − − − −%
% Physical governing equations (EULER, NAVIER_STOKES,
%          TNE2_EULER, TNE2_NAVIER_STOKES,
%          WAVE_EQUATION, HEAT_EQUATION, LINEAR_ELASTICITY,
%          POISSON_EQUATION)
PHYSICAL_PROBLEM = EULER
% Specify turbulence model (NONE, SA, SST)
KIND_TURB_MODEL = NONE
```

```
...
%  - - - - - - - UNSTEADY SIMULATION - - - - - - - - - %
%
% Unsteady simulation ( NO, TIME_STEPPING, DUAL_TIME_STEPPING - 1ST_
ORDER,
%            DUAL_TIME_STEPPING - 2ND_ORDER, TIME_SPECTRAL)
UNSTEADY_SIMULATION = NO
%
% Time Step for dual time steppingsimulations ( s )
UNST_TIMESTEP = 0. 0
...

%  - - - - - BOUNDARY CONDITION DEFINITION - - - - - - %
% Euler wall boundary marker( s ) ( NONE = no marker)
MARKER_EULER = ( airfoil )
% Navier - Stokes ( no - slip), constant heat flux wall   marker( s ) ( NONE = no
marker)
% Format: ( marker name, constant heat flux ( J/m^2), ... )
MARKER_HEATFLUX = ( NONE )
....

%  - - - - - - - INPUT/OUTPUT INFORMATION - - - - - - %
...
% Mesh input file format ( SU2, CGNS, NETCDF_ASCII)
MESH_FORMAT = SU2
...
% Mesh output file
MESH_OUT_FILENAME = mesh_out. su2
...
% Output file format ( TECPLOT, PARAVIEW, TECPLOT_BINARY)
OUTPUT_FORMAT = TECPLOT
...
```

从以上代码可以看到,SU2 的 cfg 设定文件包含了对求解过程的全部设定信息,例如摘要显示文件头注释信息、求解问题类型、湍流模型选择、时间步长、边界条件和结果输出信息及格式等。cfg 设定文件结构清晰,使用标界和信息提示的方式,分段分区的显示了需要设定的各种变量和参数。使用者可以根据自身需要,进行详细的设定和修改。

SU2 网格文件采用自定义的几何模型描述语言格式(.su2),与 VTK 格式兼容。除了自定义的 SU2 网格模型描述格式,SU2 也支持使用 CGNS 网格文件格式。SU2 网格模型描述各单元类型及标识符(如表 19 – 1 所列)。

表 19 – 1　SU2 网格单元类型及标识符

单元类型	线	三角形	四边形	四面体	六面体	楔形	金字塔形
英文标识	Line	Triangle	Quad – rilateral	Tet – rahedral	Hex – ahedral	Wedge	Pyramid
代码标识	3	5	9	10	12	13	14

打开 SU2 安装文件目录中的快速开始(QuickStart)示例,其网格模型文件(mesh_NACA0012_inv.su2)内容摘要显示如下:

```
NDIME = 2
NELEM = 10216
5417693110
…
NPOIN = 5233
    9.997500181200000e − 01 − 3.632896519016437e − 050
…
NMARK = 2
MARKER_TAG = airfoil
MARKER_ELEMS = 200
31990
…
```

如以上 su2 网格文件代码所列,模型文件中包含了单元、点和标识的信息,以及各几何特征对象的坐标和编号等。

完成网格模型建模和求解设定后,即可进行求解计算等工作。在命令行或终端执行以下代码:

```
$ SU2_MODULEcase. cfg
```

其中,"SU2_MODULE"指 SU2 包含的各模块命令执行文件名称,"case. cfg"指 SU2 的算例设定文件。

对于使用 Python 脚本程序进行控制和求解程序,需要在 Python 环境中执行相应的程序。相关的程序或命令参数及功能可以通过在线资源帮助手册和程序开发文档进行查阅。

计算完成的算例结果直接存储在当前算例目录中。根据设定文件的参数,可以输出 Tecplot 或 ParaView 格式的后处理场结果文件。用户使用相应软件即可打开并进行操作。对于一般的 PDE 或 CFD 求解,算例结果中还包含 history 和 restart 文件。其中,history 文件存储了计算过程中的收敛信息历史记录,restart 文件存储了求解域的最后计算结果,可用于重新启动计算。

综上所述,SU2 是一款完全开放的 PDE 求解程序。除了在 CFD 方面的应用,SU2 还包括了优化求解等功能。正如开放团队所列目标,SU2 程序为基于 PDE 的数学建模、数值求解、模拟仿真和优化等方面提供了良好的应用与研究平台。

19.5　在线资源

http://su2. stanford. edu

https://github. com/su2code

http://en. wikipedia. org/wiki/SU2_code

19.6　参考文献

[1] F. Palacios, M. R. Colonno, A. C. Aranake, et al. Stanford University Unstructured(SU2): An open – source integrated computational environment for multi – physics simulation and design. 51st AIAA Aerospace Sciences Meeting and Exhibit. January 7th – 10th, 2013. Grapevine, Texas, USA. AIAA Paper 2013 – 0287.

[2] A. Bueno – Orovio, C. Castro, F. Palacios and E. Zuazua. Continuous Adjoint Approach for the Spalart – Allmaras Model in Aerodynamic Optimization. AIAA Journal, 2012 (50), 3: 631 – 646.

［3］Ramezani A, Remaki L, SuarezJ A. Bbiped an su2 – based opensource: New multiple rotating frame developments. Open Source CFD Int. Conf. 2013.

［4］Palacios F, Alonso J J, Colonno M, et al. Adjoint – based method for supersonic aircraft design using equivalent area distributions. AIAA Paper, 2012, 269: 2012.

［5］Palacios F, Economon T D, Aranake A C, et al. Stanford University Unstructured (SU2): Open – source Analysis and Design Technology for Turbulent Flows. AIAA Paper, 2014, 243: 13 – 17.

20　OpenFVM

开源的 CFD 求解器

20.1　功能与特点

OpenFVM 是一款开源的基于 FVM 的 CFD 求解程序,其开发目标是为了使用 FVM 求解三维非结构化的非等温不可压缩两相流动问题,也称为 OpenFVM – Flow 软件。

OpenFVM 基于 C 语言开发,程序结构简单,并使用了多种开源的程序库实现各种计算、前后处理等功能,包括 Gmsh、Gnuplot、RCM、LASPack、Metis 和 PETSc 等。

OpenFVM 主要功能和特点包括:

(1)采用 GPLv2;

(2)支持非结构化网格,空间离散采用迎风差分(一阶)或中心差分格式;

(3)包含时间推进的显式和隐式计算方法;

(4)支持包括速度—压力耦合的部分耦合求解算法,例如 SIMPLE、SIMPLER 和 PISO 等;

(5)支持采用 Gmsh 进行前后处理,支持 RCM 算法;

(6)使用 Laspack 算法,同时支持并行计算的 PETSc 程序;

(7)支持标准 $k - \varepsilon$ 模型,边界捕捉采用 VOF 模型;

(8)支持 Windows 和 Linux 等操作系统平台。

OpenFVM 为用户提供了一款开源的 CFD 求解程序。尽管与其他大型的 CFD 软件相比,OpenFVM 还存在一些不足,例如空间离散格式精度较低,以及缺乏多种类型的模型等,但是,作为其完全开放的代码及基本流程,为从事 CFD 数值模拟技术研究的人员提供了一个非常优秀的基础程序平台。在这个平台基础上,根据自身需要,进一步开发相应的模型、算法及其代码,从而达到研究目标,有力推动了 CFD 数值模拟技术的发展。在这一点上,OpenFVM 具备了基本条件,但是,与 OpenFOAM 进行比较,还是存在较大的差距。

20.2　起源与发展

OpenFVM 最早发布于 2006 年,并于 2008 年正式发布 1.0 版本。目前,最新版本为 1.4 版(2011 年)。开发团队自 2012 年后没有新的信息更新,开发和维护进展较缓慢,软件手册和技术文档还需要进一步完善。

20.3　安装

通过在线资源下载 OpenFVM 安装文件或源代码进行安装。在线资源包含应用于 Windows 和 Linux 操作系统的执行文件,下载后直接执行即可进行使用。如果下载的是源代码文件,则需要根据安装提示进行重新编译,生成可执行文件后就可以进行使用了。

20.4　开始使用

OpenFVM 算例包括多个不同后缀名的 ASCII 文件,分别用于定义求解域几何模型(geo)、网格(msh)、边界条件(bcd)、材料属性(mtl)和求解器设定参数(par)等。计算结果采用 Gmsh 的 pos 类型存储。

基于 OpenFVM 开展 CFD 问题求解,完整的流程如下:

(1)建立求解域及几何模型;

(2)基于求解域划分网格,通过 Gmsh 建立网格模型;

(3)设定边界条件和材料属性;

(4)设定求解器参数,完成前处理;

(5)检查前处理,提交算例文件并执行求解程序;

(6)观察结果文件,并进行可视化或绘图等后处理。

以 OpenFVM 自带的顶盖驱动流动算例(example/testlid/lid‐driven cavity flow)为例,介绍基本的使用流程和文件内容。

testlid 算例几何模型文件代码如下所列。从以下代码中可以看到,几何模型文件(testlid.geo)定义了求解域各边的节点数量,以点、线和面为特征等多种几何参数。GEO 文件采用了 Gmsh 几何描述语言。除了手动编码定义几何外,还可以通过 Gmsh 界面操作方式进行建模以及导入复杂几何模型。

```
…
nx = 29;
ny = 29;
nz = 1;

cx = dx/nx;
…
Point(1) = {0.0,0.0,0.0,lc};
…
Plane Surface(6) = {5};
…
```

Gmsh 可以直接读取 geo 文件,并划分网格。在 Gmsh 中对示例进行网格划分(如图 20 - 1 所示)。

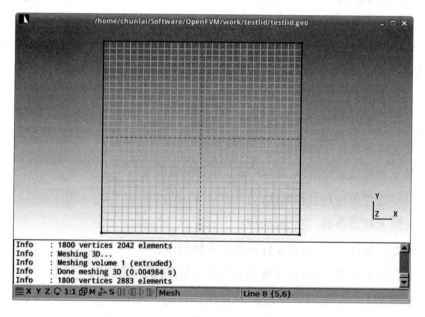

图 20 - 1 OpenFVM 在 Gmsh 中划分网格

利用 Gmsh 生成网格文件(msh),并存储在算例文件夹中,即可完成网格划分及 CFD 网格模型建立工作。需要注意的是,网格文件的名称应与算例名称一致,同时,OpenFVM 各单独文件名(除后缀名外)也应与算例名称保持一致。

其后,编辑边界条件文件。边界条件包括 Empty、Wall、Adiabatic wall 和 Volume 四个

边界,并定义了边界所在位置,以及各种速度、压力和温度等数值,代码如下所列:

```
$ Title OpenFVM
$ File Boundary conditions file
$ Boundary 1 4 Description of  $ Code
10000 2 Empty  –  Physical surfaces  （ID）
        37 0.0 0.0 0.0 0.0 0.0 0.0
        38 0.0 0.0 0.0 0.0 0.0 0.0
10170 2 Wall  –  Physical surfaces （ID u v w p T s）
        33 1.0 0.0 0.0 0.0 50.0 0.0
        34 0.0 0.0 0.0 0.0 25.0 0.0
10180 2 Adiabatic wall  –  Physical surfaces  （ID u v w p T s）
        35 0.0 0.0 0.0 0.0 0.0 0.0
        36 0.0 0.0 0.0 0.0 0.0 0.0
10250 1 Volume  –  Physical volumes （ID uv w p T s）
        39 0.0 0.0 0.0 0.0 30.0 0.0
$ EndFile
```

边界条件定义完成后,需要定义材料属性,包括对应材料的密度和动力粘度等各种信息,材料属性文件代码示例如下:

```
$ Title OpenFVM
$ File Material file
$ Material 1 12 Description of  $ Code
20012 1 Compressibility of fluid 0
0.0
20015 1 Density of fluid 0
1.0
20021 1 Viscosity of fuild 0
...
$ EndFile
```

最后,定义求解器参数设定文件,包括算例类型、几何离散算法、系数矩阵算法、耦合迭代算法和特定模型的选择,以及计算结果变量输出、计算时间、迭代次数和步长等相关定义,具体的算例求解器设定文件代码如下:

```
$ Title OpenFVM
$ File Parameter file
$ Parameter 1 32 Description of $ Code
…
30100 1 Steady state
1
…
30601 1 Maximum number of iterations (matrix solution) (u v w p T s)
500 500 500 500 500 500
30650 1 Matrix solver (u v w p T s) (0 – Jacobi, 1 – SOR, 2 – QMR, 3 – GMRES,
4 – CG, 5 – CGN, 6 – CGS, 7 – BiCG, 8 – BiCGStab)
3 3 3 4 3 3
. .
32000 1 Start time
0.0
32001 1 End time
1000.0
…
$ EndFile
```

至此,完成了全部前处理操作。在算例文件夹当前目录中,通过终端命令行方式执行 OpenFVM 命令,即可提交并开始 OpenFVM CFD 求解。计算结果(pos)自动存储在算例文件夹中。用户可以继续使用 Gmsh 进行后处理及 Gnuplot 进行绘图等操作。

限于篇幅和展示方式,在此不再展开介绍 OpenFVM 代码规则和使用说明。用户可以通过软件帮助文档和计算示例文件进一步深入的学习。

尽管使用 OpenFVM 的过程中还存在一些问题,例如需要大量的前处理文件程序编码工作,细致地了解各个关键字的含义、变量属性和功能选项,但是,作为完全开放的

CFD 求解器,也在一定程度上为用户提供了代码级别的数值算法研究、物理模型和定制化程序开发的基础平台。正是由于这一点,基于 OpenFVM 开展的相关 CFD 的研究层出不穷。

20.5　在线资源

http://sourceforge. net/projects/openfvm

20.6　参考文献

[1]OpenFVM Team. OpenFVM – Flow Reference Mannual (V1. 1). Sep. 7. 2008.

[2]Li B B, Jia W, Zhang H C, et al. Investigation on the collapse behavior of a cavitation bubble near a conical rigid boundary. Shock Waves, 2014, 24(3): 317 – 324.

[3]Araujo, B. J, Teixeira, J. C. F, Cunha, A. M, et al. Parallel three – dimensional simulation of the injection molding process, International Journal for Numerical Methods in Fluids, 2009, 59: 801 – 815.

[4]Kamiński M, Ossowski R L. Navier – Stokes problems with random coefficients by the Weighted Least Squares Technique Stochastic Finite Volume Method. Archives of Civil and Mechanical Engineering, 2014.

[5]Sasongko N A, Arif M F. Open Source Computational Fluid Dynamic: Challenges and its Future. Global Conference on Open Source, Jakarta, Indonesia. 2009.

[6]Janes D A. Practical Options for Desktop CFD Using Open – Source Software. The west Indian journal ofengineering. 2012(35), 1: 29 – 34.

21　Elmer

开源的偏微分方程 FEM 求解程序

21.1　功能与特点

Elmer 是一款开源的用于多物理场数值仿真的求解程序。Elmer 最初是由芬兰的多所大学、实验室和研究机构及企业共同开发,并用于 FEM 数值仿真的求解程序,目前由 CSC 继续维护。

Elmer 采用 FEM 数值求解偏微分方程或方程组,包含众多领域的基本数学物理模型,包括流体力学、结构力学、电磁学、传热学和声学等领域的数学物理模型。使用者通过偏微分方程或方程组,建立了多物理场问题的数学物理模型,采用 Elmer FEM 进行求解,实现了多物理场的仿真求解。

Elmer 有多个功能模块,包括网格转换(ElmerGrid)、前处理界面工具(ElmerGUI)、求解器(ElmerSolver)和后处理工具(ElmerPost)。这些功能模块也可以单独使用。

Elmer 采用 Fortran,C 和 C++语言开发,功能模块界面采用 Qt4 开发,支持多操作系统运行,包括 Linux/Unix 和 Windows 操作系统。Elmer 采用 GPLv2。

经过长时间的开发和积累,Elmer 程序已经包含众多由偏微分方程或方程组构成的数学物理模型,具体有:

(1)传热模型,包括热传导、辐射和相变模型;

(2)流体力学模型,包括 Navier – Stokes、Stokes 和 Reynolds 方程,以及 k – ε 模型等;

(3)组分输运模型,包括对流扩散方程;

(4)弹性力学模型,包括一般弹性力学方程,缩维的板壳模型;

(5)声学模型,包括 Helmholz 方程,频域线性 NS 方程等;

(6)电磁场模型,包括静电场和静磁场模型等;

(7)微流体模型,包括滑移模型,Poisson – Boltzmann 方程等;

在算法方面,Elmer 提供了很多线性和近似线性系统求解算法,包括:

（1）涵盖全部一维、二维和三维基本有限单元类型的形函数；

（2）支持高自由度近似的 p 单元；

（3）支持特征值求解；

（4）支持直接线性系统求解算法 Lapack 和 Umfpack；

（5）支持简单方程的多网格分区求解；

（6）支持并行计算；

（7）支持离散 Galerkin 方法。

除以上各种基本模型和算法外，Elmer 还支持用于特殊专业领域的模型和算法，例如用于求解欧拉自由边界问题的水平集（Level Set）算法，还有量子力学模型等。作为开放源代码的软件，使用者还可以通过进一步的核心程序开发和模型自定义，实现特定条件或复杂物理场问题的 FEM 求解。

21.2　起源与发展

Elmer 开发起始于 1995 年，由芬兰 CSC（CSC – IT Center for Science）组织开发。自 2005 年 9 月起，Elmer 采用 GPL 公开对外发布，使得用户数量越来越多，也吸引了世界范围内的开发者和使用者，在一定程度上推动了 Elmer 的进一步开发。目前，Elmer 由 CSC 继续开发和维护，并应用在多个领域。最新版本的 Elmer 为第 7 版，发布时间为 2013 年 2 月。

21.3　安装

以 Ubuntu 使用 Elmer 为例。使用者可以通过 Ubuntu 软件中心搜索 elmer 软件，点击安装即可完成软件安装和自动配置（如图 21 – 1 所示）。

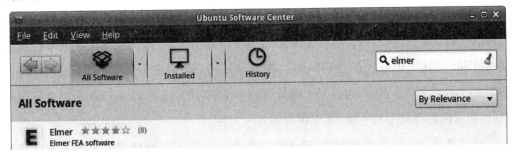

图 21 – 1　Elmer 软件中心安装

可以通过 apt – get 方式安装 Elmer 软件。在终端命令执行代码如下：

```
$  sudo apt – get installelmer
```

对于其他操作系统的安装，用户可以通过在线资源下载对应的安装文件包，即可完成安装。

21.4   开始使用

Elmer 包含了用户界面程序（GUI）。限于篇幅和显示形式，在此通过 Elmer 界面工具简要介绍 Elmer 的使用。通过程序菜单启动 ElmerGUI（如图 21 – 2 所示）。

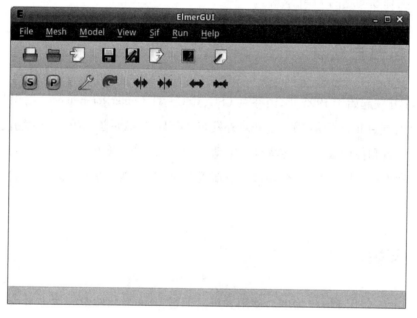

图 21 – 2   ElmerGUI 界面

从图 21 – 2 可以看到，基于 Qt4 开发的 ElmerGUI 程序采用通用界面程序布局，顶部为标题栏和菜单栏，然后是工具栏及常用的各种功能图标，下部为视图区。菜单栏包括文件（File）、网格（Mesh）、模型（Model）、视图（View）、Sif 输入卡文件（Sif）、运行（Run）和帮助（Help）菜单。其中，包含了大部分 Elmer 程序功能，通过 ElmerGUI 可以进行网格划分、定义前处理模型和生成 Sif 求解器输入卡文件。

网格菜单（Mesh）和模型菜单（Model）如图 21 – 3 所示。网格菜单包含了网格基本参数定义，重新划分，终止划分，面边分割与整合及清空网格数据等工具。模型菜单包含了基本设定、添加控制方程、材料定义、体力、边界条件和各种属性及清除等工具。

图 21 - 3   Elmer 网格和模型设定菜单

通过 ElmerGUI 工具,可以方便用户定义目标问题,自动生成 Elmer 求解器输入卡 Sif 文件。导入一个管道的几何模型文件,ElmerGUI 读入几何信息,并自动启动几何浏览器动态显示几何模型(如图 21 - 4 所示)。

图 21 - 4   Elmer GUI 几何浏览器

ElmerGUI 导入几何模型的同时,会自动划分网格,如图 21 - 5 所示。

从图 21 - 5 可以看到,ElmerGUI 自动划分的网格略显粗糙。使用者可以通过网格菜单进行进一步的网格细化或修改。打开网格菜单中的参数设定面板(如图 21 - 6)。从设定面板可以看到,Elmer 内建了 tetlib(基于 Tetgen)、nglib(基于 Netgen)和 elmergrid

三种网格划分工具。使用者根据几何模型数据类型选择网格划分工具。在此选用 nglib
并修改相应参数,进行网格细化。

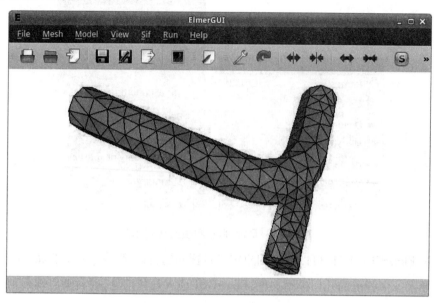

图 21 - 5 ElmerGUI 网格划分示例

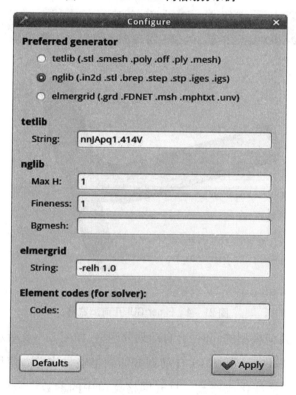

图 21 - 6 Elmer Mesh 参数设定面板

修改完成网格参数后,重新划分网格,再次生成网格(如图 21 – 7 所示)。从图 21 – 7 可以看到,网格得到了进一步的细化,贴体网格质量得到了改善。

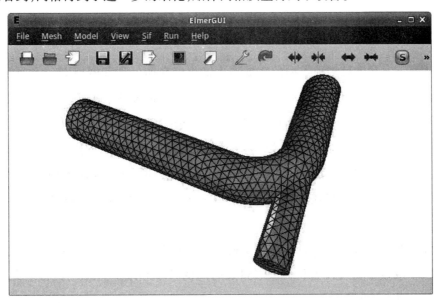

图 21 – 7　Elmer 细化网格示例

除了网格划分功能以外,ElmerGUI 还提供了各种前处理定义功能,包括模型定义、控制方程添加、材料定义和边界条件定义等功能。通过这些可视化的工具,用户可以生成 Elmer 求解器输入卡文件。点击 ElmerGUI 的 Sif 输入卡文件生成和编辑工具,即可打开当前模型算例的输入卡文件(如图 21 – 8 所示)。使用者也可以直接在这里编辑和修改输入卡文件。

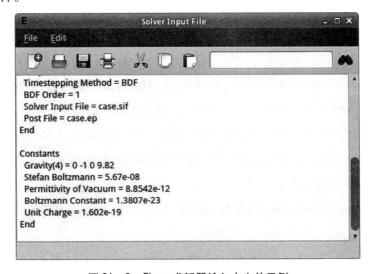

图 21 – 8　Elmer 求解器输入卡文件示例

ElmerGUI 为用户提供了方便的可视化界面的操作环境,但是,作为一款功能全面的 FEM 求解器程序,要想发挥 Elmer 在 FEM 方面的功能优势和灵活性特点,特别是针对更加复杂的多物理场及特殊模型问题,还需要进一步的通过输入卡文件的自定义,实现仿真求解。

另外,Elmer 还支持多种类型的数据输入输出。在前处理和网格划分方面,除了使用 Elmer GUI 功能外,还可以直接使用第三方软件生成的网格。目前,Elmer GUI 支持导入. FDNEUT(Gambit)、msh(Gmsh)、. mphtxt(COMSOL)和 unv(IDEAS)网格模型文件格式。另外,专业的前处理软件 GiD 和 Netgen 已经包含了对 Elmer 的模型文件输出接口,可以直接用于生成 Elmer 支持的网格模型。在后处理方面,除了使用 ElmerPost 外,还可以使用 VTK 格式或 GiF 格式输出,方便使用 ParaView 和 GiD 等其他各种后处理及可视化软件。

作为开放的 FEM 求解器,Elmer 还支持用户通过 FORTRAN 90 开发求解器程序、网格划分程序或数学物理模型代码。经过长时间的开发和维护,Elmer 具备了完整的使用、开发、原理模型和代码文档。

21.5　在线资源

https://www.csc.fi/elmer

http://en.wikipedia.org/wiki/Elmer_FEM_solver

21.6　参考文献

[1]Mikko Lyly, Juha Ruokolainen and Esko J·rvinen. ELMER – A finite element solver for multiphysics . CSC – report on scientific computing 1999 – 2000, pp. 156 – 159.

[2]E. J·rvinen, P. R·back, M. Lyly and J. – P. Salenius, A method for partitioned fluid – structure interaction computation of flow in arteries, Medical Engineering & Physics, 30 (2008), 917 – 923.

[3]Juha Ruokolainen ja Mikko Lyly. ELMER, a computational tool for PDEs – Application to vibroacoustics, CSC News, 4/2000.

[4]Peter R·back, Juha Ruokolainen, Mikko Lyly, Esko J·rvinen. Fluid – structure interaction boundary conditions by artificial compressibility. ECCOMAS CFD 2001, Swansea 4

-7 September.

[5]A. Pursula, P. R·back, S. L·hteenm·ki, et al. Coupled FEM simulations of accelerometers including nonlinear gas damping with comparison to measurements, J. Micromech. Microeng. 16 (2006), 2345 -2354.

[6]P. Jussila, Thermomechanics of Porous Media － I: Thermohydraulic Model for Compacted Bentonite, Transport in Porous Media, Volume 62, Number 1, 2006(62)1: 81 - 107.

[7]P. Jussila and J. Ruokolainen, Thermomechanics of porous media － II: thermo - hydro - mechanical model for compacted bentonite, Journal Transport in Porous Media, 2007 (67)2: 275 -296.

22　deal.II

开源的 FEM C++ 程序库

22.1　功能与特点

deal.II 是一个开源的基于 FEM 的数值求解 C++ 程序库。deal.II 源起于 1992 年,德国海德堡大学的研究人员在学术研究过程中开发的数值计算和求解程序。目前,deal.II 由海德堡大学 Wolfgang Bangerth 等人组织开发和维护。

deal.II 是一个具有众多对象及方法的程序库,可直接用于 FEM 计算程序开发。它基于 C++ 语言。在开发和维护人员的努力下,deal.II 具有详尽的使用教程、代码开发和技术文档。目前,deal.II 被广泛用于学术研究(包括理论教学)、工程应用和 CAE FEA 软件开发中。

deal.II 主要功能和特点包括:

(1)采用 LGPL;

(2)支持标准 C++ 语言语法,提供了全面的用于 FEM 计算分析的程序库,具有完全开发的 C++ 程序接口;

(3)支持一维、二维和三维 PDE 问题的求解,具有几乎全部种类的 FEM 数值计算算法程序;

(4)支持自适应网格算法,包括局部误差估计等,支持连续或离散单元的 h、p 和 hp 参数网格细化算法;

(5)支持几乎全部的 FE 单元类型,包括连续和离散单元、Lagrange 单元、Nedelec 和 Raviat - Thomas 单元和其他耦合单元等;

(6)支持多块分区的并行计算(MPI);

(7)具有完整的独立的线性代数求解库,包括稀疏矩阵、向量和 Krylov 子空间求解器,具有外部求解器程序库的接口,例如 Trilinos 和 PETSc 等;

(8)具有完备的库程序代码、注释文档、技术开发手册和使用教程等;

（9）持续的开发和维护，并有众多人员提供了新的算法程序、实用工具和更加完善的教程及示例，例如 2014 年 11 月，发布了由 Andrea Mola 等开发的程序，利用 OpenCAS-CADE 库实现了使用 IGES CAD 模型文件描述求解域几何边界。2014 年 10 月，发布了由 Bruno Turcksin 等编写的关于使用 deal.II 内建的时间推进与步长控制的算法教程。2013 年 10 月，发布了由 Martin Kronbichler 等开发的程序，实现了对流扩散方程的混合离散 Galerkin 求解算法等。

总之，deal.II 是一个功能全面的数值求解 C++ 程序库。采用开源协议发布，使其具有完全开放的特点。基于自身雄厚的理论基础和科研实力，并借助广泛的外部理论及技术支持，开发团队始终保持着 deal.II 程序的持续开发和维护。目前，相关 deal.II 开发技术、理论算法研究和应用 deal.II 完成的学术、学位论文近百篇，涵盖了数值分析基础算法、几何建模及拓扑、FEM 应用和科学及工程仿真模拟及实践多个方面。

22.2 起源与发展

deal.II 程序开发最早可以追溯到 1993 年德国海德堡大学（University of Heidelberg）的 DEAL 项目，其项目名称源自 Differential Equations Analysis Library（DEAL）。deal.II 是 DEAL 项目完成的一组程序库，主要开发人员包括海德堡大学的 Wolfgang Bangerth 等。至 2000 年，deal.II 程序 3.0 版本采用开源方式对外发布。随后，越来越多的研究者开始了解和熟悉 deal.II 程序。目前，由世界范围内的众多人员组成的开发组进行持续的开发和维护。deal.II 程序最新版本为 8.2.1（2015 年 1 月）。

值得一提的是，正是由于开发人员在 CAE 和 FEA 等工程科学数值计算技术方面的卓越研究成就，及他们在开源的 deal.II 程序开发中的杰出贡献，Wolfgang Bangerth、Guido Kanschat 和 Ralf Hartmann 及 deal.II 程序获得了数值计算软件威尔金森奖（J. H. Wilkinson Prize for Numerical Software）。该奖由美国 Argonne National Laboratory、英国 National Physical Laboratory 和 Numerical Algorithms Group 共同组织评选。威尔金森奖评选每四年一届，是数值计算软件领域理论研究、技术应用与程序开发方面专业的顶级国际学术奖励之一。

22.3 安装

deal.II 是基于 C++ 语言开发的程序，任意一个可以进行 C++ 语言程序编译执行的操作系统都支持其运行和操作。目前,为方便用户安装使用,deal. II 在 Debian、Gentoo 和 Ubuntu 等 Linux 系统发行版中使用二进制包文件进行安装。

以 Ubuntu 安装为例,可以通过 Ubuntu 软件中心进行安装。通过软件中心搜索 deal. II,根据说明点击安装"libdeal. ii – dev"及文档和示例,即可完成安装和自动配置(如图 22 – 1 所示)。

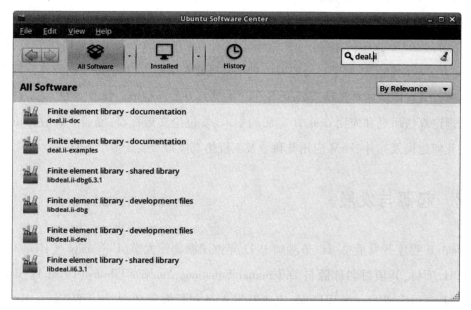

图 22 – 1   deal. II 软件中心安装

也可以通过 apt – get 方式安装软件。在终端命令执行代码如下:

```
$  sudo apt – get installlibdeal. ii – dev libdeal. ii – doc libdeal. ii – examples
```

需要注意的是,由于 Ubuntu 软件源更新发布滞后等原因,目前,软件源提供的 deal. II 为早期的 6.3.1 版本。对于需要在其他操作系统安装程序或最新版本程序的用户,可以通过在线资源下载对应的安装文件包或源程序,依据安装说明进行安装或编译安装。

22.4   开始使用

为了求解 FEM 问题,使用者需要编制 C + +语言的程序,通过程序调用 deal. II 库函数完成计算。deal. II 为 FEM 求解提供了众多模块类库。利用 deal. II 开发 FEM 求解程序,基本程序框架按照顺序是建立求解问题对象,完成求解域定义和网格划分及边界条件,组装问题求解矩阵系统,定义求解控制和结果输出。主程序入口函数依次执行各框架模块。程序示例概要如下（deal. II 教程 step − 3）：

```
...
/ * Author: Wolfgang Bangerth, University of Heidelberg, 1999 */
#include < grid/tria. h >
#include < grid/grid_generator. h >
...
using namespace dealii;
class LaplaceProblem
{
  public:
    LaplaceProblem ( );
    void run ( );
...
void LaplaceProblem::make_grid_and_dofs ( ) {
...
void LaplaceProblem::assemble_system ( ) {
...
void LaplaceProblem::solve ( ) {
  SolverControl            solver_control (1000, 1e − 12);
  SolverCG < >                  cg (solver_control);
...
void LaplaceProblem::output_results ( ) const
...
void LaplaceProblem::run ( ) {
  make_grid_and_dofs ( );
  assemble_system ( );
  solve ( );
  output_results ( );
}
```

```
int main ( ) {
    LaplaceProblem laplace_problem;
    laplace_problem. run ( );
    return 0; }
```

以上代码来自 deal. II 示例程序中 step – 3 示例,其作者是 Wolfgang Bangerth。限于篇幅,摘要显示其中主要内容。首先以注释方式描述了程序用途、作者和版权等信息,接着通过头文件引用库函数,使用 dealii 命名空间,建立求解问题的对象(LaplaceProblem 类的实例化)。然后对求解问题对象的方法逐一定义,依次进行求解域设定和网格划分、组装系统矩阵、求解和结果输出等方法的定义。通过 LaplaceProblem 类的 run 方法定义构成了本算例代码执行顺序结构。最后,定义了主入口函数,完成了求解问题对象(laplace_problem)的具体操作。

通过终端命令行执行 C + + 程序编译和运行(例如 cmake 的"make"),即可完成定义问题的求解。根据程序,计算结果存储在"solution. gpl"文件中。通过 Gnuplot 绘制计算结果,输入 gnuplot 进入 Gnuplot 终端,执行代码(如图 22 – 2 所示)。绘制结果(如图 22 –3 所示)。

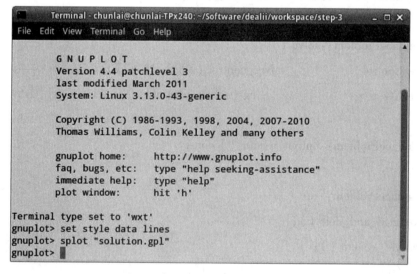

图 22 – 2 执行 Gnuplot 绘制计算结果

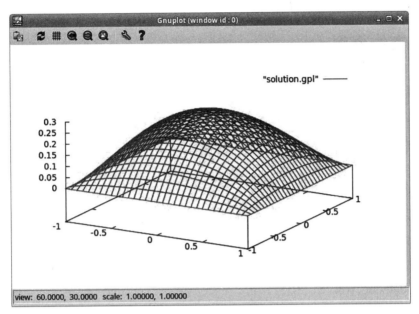

图 22 - 3　Gnuplot 绘图结果示例

通过以上代码和求解过程可以看到，deal. II 经过多年的开发已经包含众多的 FEM 求解程序库，方便使用者使用这些库函数或方法建立自己的求解问题模型，并实施计算和求解。deal. II 程序库包括的模块或类主要有：

（1）有限单元数据结构及处理模块，包括限单元空间描述、数值定义、向量及几何映射问题子模块等；

（2）网格模型处理模块；

（3）自由度约束模块；

（4）线性代数运算模块；

（5）数值运算模块；

（6）并行计算模块；

（7）数据输入输出模块；

（8）通用工具程序模块。

随着 deal. II 开发的持续，最新的程序还包括支持 STL 几何模型边界处理的 Open-CASCADE 模块，以及各种更新算法、辅助和实用工具程序的模块，这些都为用户使用 deal. II 提供了方便。

综上所述，deal. II 为用户提供了大量的 FEM 数值求解程序，并以 C + + 库的形式进行使用。使用者可以采用 C + + 编程语言，并调用 deal. II 方便快捷的进行 FEM 数值计算等问题。deal. II 开放的程序结构和清晰的框架，也为 FEM 研究人员提供了良好的算法研究程序平台。

22.5 在线资源

http://www.dealii.org

https://github.com/dealii

http://en.wikipedia.org/wiki/Deal.II

22.6 参考文献

[1] Wolfgang Bangerth, Timo Heister, Luca Heltai, Guido Kanschat, Martin Kronbichler, Matthias Maier and Toby D. Young The deal.II Library, Version 8.2. Archive of Numerical Software, vol. 3, 2015.

[2] Bangerth W, Hartmann R, Kanschat G. deal.II—a general – purpose object – oriented finite element library. ACM Transactions on Mathematical Software (TOMS), 2007, 33 (4): 24.

[3] Bangerth W. Using modern features of C + + for adaptive finite element methods: Dimension – independent programming in deal.II//Proceedings of the 16th IMACS world congress, New Brunswick. Document Sessions/118 – 1, 2000.

[4] Wick T. Solving monolithic fluid – structure interaction problems in arbitrary lagrangian eulerian coordinates with the deal.II library. Archive of Numerical Software, 2013, 1 (1): 1 – 19.

[5] W. Bangerth. Adaptive Finite – Elemente – Methoden zur L · sung der Wellengleichung mit Anwendung in der Physik der Sonne. Diploma thesis, University of Heidelberg, 1998.

[6] S. Nauber. Adaptive Finite Elemente Verfahren für selbstadjungierte Eigenwertprobleme. Diploma thesis, University of Heidelberg, 1999.

23 Gerris

开源的 CFD/PDE 求解器

23.1 功能与特点

Gerris 是一款开源的 CFD/PDE 求解程序,基于 FVM 求解二维和三维 Euler、Stokes、Navier – Stokes 和其他相近方程,用于模拟各种流体力学问题。

Gerris 核心求解器是一个终端命令行的交互式可执行程序,通过给定求解器输入卡文件进行数据处理、求解器离散和 FVM 计算及结果输出。需要提及的是,Gerris 在空间离散及网格划分时,自动生成四叉树(二维)或八叉树(三维)形式的网格。这一点与常见的结构化和非结构网格存在不同。

由于树形网格数据的特殊数据结构,一般厚处理软件无法读取网格数据和结果。因此,除了核心求解程序外,Gerris 还包括一个专用的后处理程序 GfsView,用于浏览和可视化计算结果数据。

Gerris 程序基于 C 语言开发,采用 GPL 发布。主要功能和特点包括:

(1)包含求解程序和专用的后处理程序;

(2)可以求解二维和三维不可压缩流体问题,包括固定或运动边界条件及自由表面(包括表面张力模型)流动;采用 VOF 求解两相流问题;

(3)自适应全自动网格划分,采用树形(四叉树和八叉树)的网格数据结构,且支持复杂几何模型求解域;

(4)灵活参数指定添加源项,

(5)采用二阶精度的时间推进和空间离散算法;

(6)程序使用无量纲化的物理量;

(7)支持并行计算(使用 MPI)。

需要特别指出的是,在数值求解之前,Gerris 会由求解程序重新划分网格。因此,使用 Gerris 进行 CFD 计算不需要外部的网格划分软件。对于涉及到的流固表面边界处理问题。目前 Gerris 支持三种几何表达方式:一是在输入卡文件中采用定义算式定义流固表面边界几何;二是支持 GTS 三角形表面几何文件格式,也可以通过将 STL 格式文件转换为 GTS 格式文件(参看示例和 Blender 接口教程);三是支持采用 KDT 数据格式的基于几何拓扑结构描述文件。

总之,Gerris 是一款通用的开源的 CFD 软件。不仅可以用于一般小尺度范围的 CFD 分析,还可以用于海洋洋流等大尺度范围的并行 CFD 模拟。Gerris 在网格划分方面不仅支持矩形网格,而且采用了树形网格数据结构,并支持时间域和空间域的动态自适应算法。虽然 Gerris 功能还不够全面,但是,随着开发团队持续的开发和维护,作为完全开放的 CFD 程序,Gerris 在特定领域和支持基础理论及 CFD 应用研究方面具有一定的意义。例如一些研究人员利用 Gerris 基本框架开发相应的专用 CFD 程序包,具体请参看参考文献。

23.2 起源与发展

Gerris 是最初由 Stéphane Popinet 开发,发布于 2001 年。软件由新西兰的 NIWA(National Institute of Water and Atmospheric research)和 Institut Jean le Rond d'Alembert 共同维护。目前最新版本为 1.3 版(2009 年 7 月)。

23.3 安装

以 Ubuntu 安装 Gerris 为例。可以通过 Ubuntu 软件中心搜索"gerris"或"geris mpi"(支持 MPI 计算),即可搜索到软件,如图 23 - 1 所示。点击需要安装的软件,即可自动完成软件安装和系统配置。

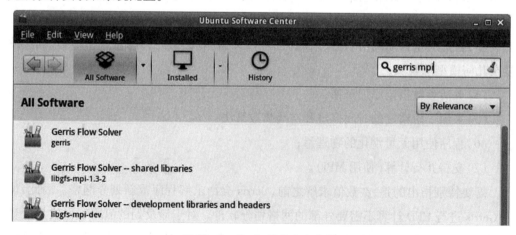

图 23 - 1 Gerris 软件中心安装

也可以通过 apt－get 方式安装软件。在终端命令执行代码如下：

```
$  sudo apt－get install gerris
```

对于其他操作系统的程序安装,用户需要下载源代码,并在相应系统中进行编译,生成可执行程序。

23.4　开始使用

安装完成后的 Gerris 程序包括 gerris2D 和 gerris3D 等程序。根据问题描述建立需要求解的输入卡文件后,使用终端命令行执行相应程序执行求解。

具体来说,使用 Gerris 进行 CFD 计算的基本步骤是,首先使用矩形或立方体定义求解域,接着定义边界条件和初值,然后定义求解域网格数量,最后定义各种求解过程控制参数和指定输出结果。完成编制整个 Gerris 输入卡文件。

在终端命令行执行 gerris2D 或 gerris3D,并使用输入卡文件名称作为程序运行附带参数,即可启动 Gerris 求解程序进行求解。

全部 CFD 求解问题的数据信息都存储在一个输入卡文件中,输入卡文件采用标准的 ASCII 格式,用户可以使用任意一款文本编辑器软件进行编辑。一个输入卡文件(Gerris test lid－driven cavity－顶盖驱动流动)示例如下。

为了让使用者尽快的了解和熟悉使用程序,Stéphane Popinet 在示例使用的 Gerris 输入卡文件代码中进行了详细的注释和说明,包括每一段的功能和选项定义选择说明。概要解释如下：

(1)使用程序前入口的注释文本说明程序的求解问题、作者及日期等各种信息,方便使用者和示例参考者修改、使用和学习;

(2)建立一个求解问题对象(GfsSimulation),其中包含立方体求解域(GfsBox);

(3)定义计算求解时间(Time),以及初始化过程中空间离散的细化等级(Refine)等;

(4)定义速度场(V)等结果输出方式(采用 OutputPPM 方法输出 PPM,并使用 ImageMagick 程序转化为 EPS 文件),并调用 Gnuplo 程序绘制曲线;

(5)为 GfsBox 定义边界条件(Boundary),包括为名称“top”的边界条件定义,采用“BcDirichlet”边界,其中数值 U 为 1,V 为 0。

```
...
# Author：St\'ephane Popinet
...
# The simulation domain has 1 GfsBox
1 0 GfsSimulation GfsBox GfsGEdge { } {
    # Stop the simulation at t = 300 if convergence has not been reached before
    Time { end = 300 }
# Use an initial refinement of 6 levels（i. e. 2^6 = 64x64）
    Refine 6
...
# Pipes a bitmap PPM image representation of the velocity field at the end of the simu-
lation
    # into the ImageMagick converter "convert" to create the corresponding EPS file
    OutputPPM { start = end } { convert – colors 256 ppm：– velocity. eps } {
        v = Velocity
    }
...
    OutputLocation { start = end } xprof xprofile
...
    EventScript { start = end } {
        cat < < EOF | gnuplot
        set term postscript eps
        set output ´xprof. eps´
...
GfsBox {
    # Dirichlet boundary conditions for both components of the velocity on all sides：
    # – non – slip（U = V = 0）on right，left and bottom boundaries
    # – tangential velocity equal to 1（U = 1）on top boundary
    top = Boundary {
        BcDirichlet U 1
BcDirichlet V 0
...
```

从以上的 Gerris 输入卡文件代码示例可以看到,Gerris 输入卡文件采用类似 C 语言语法和格式,其中包含众多用于 Gerris 的对象、类、方法和变量等。Gerri 求解程序可以自动识别关键字和变量,然后依据输入卡文件信息依次设定求解问题、建立求解域、离散空间、变量初始化、执行迭代求解、输出计算结果和终止或结束计算等过程。

对于开发其他 CFD 程序的使用者,也可以将 Gerris 看做是 C 语言的 CFD FVM 求解程序类库直接调用。具体的关键字用法、代码说明和理论算法说明都可以通过软件开发代码文档仔细的学习和查看。综上所述,Gerris 是一款特色的 CFD 程序,在典型流体问题模拟和理论算法研究方面逐渐引起了关注。

23.5　在线资源

http://sourceforge.net/projects/gfs

http://gfs.sf.net

23.6　参考文献

[1] Stéphane Popinet. The Gerris Tutorial. 2005.

[2] Popinet S. Gerris: a tree – based adaptive solver for the incompressible Euler equations in complex geometries. Journal of Computational Physics, 2003, 190(2): 572 – 600.

[3] Popinet S. An accurate adaptive solver for surface – tension – driven interfacial flows. Journal of Computational Physics, 2009, 228(16): 5838 – 5866.

[4] Kolobov V I, Arslanbekov R R, Aristov V V, et al. Unified flow solver for aerospace applications. AIAA Paper, 2006, 988: 2006.

[5] Lagrée P Y, Staron L, Popinet S. The granular column collapse as a continuum: validity of a two – dimensional Navier – Stokes model with a μ (i) – rheology. Journal of Fluid Mechanics, 2011, 686: 378 – 408.

[6] Fedoseyev A I, Turowski M, Alles M L, et al. Accurate numerical models for simulation of radiation events in nano – scale semiconductor devices. Mathematics and Computers in Simulation, 2008, 79(4): 1086 – 1095.

[7] Popinet S. Free computational fluid dynamics. Cluster World, 2004, 2: 2 – 8.

24　OpenFOAM

开源的 CFD 求解程序库及工具箱

24.1　功能与特点

OpenFOAM 是开源的基于 C＋＋语言的数值求解程序库,用于求解连续介质力学问题,主要用于计算流体力学(CFD)问题。OpenFOAM 包括前后处理工具和求解器程序。

OpenFOAM 采用 GPL 发布。目前,程序由 OpenFOAM 基金会支持和维护,所有权属于 ESI Group。

借助 OpenFOAM 的开放性和基于 C＋＋面向对象程序结构的灵活性特点,越来越多的研究人员开始在 CFD 及模拟仿真领域使用 OpenFOAM,逐渐完善了 OpenFOAM 代码,并开发了众多 CFD 模型,使得 OpenFOAM 在一定程度上可以媲美现有的商业 CFD 软件。

OpenFOAM 主要功能包括:

(1)完备的偏微分方程数值求解程序库,包括张量和向量等场变量定义和运算算法,空间离散化和时间推进算法,线性代数求解器和常微分方程求解器等;

(2)拥有多种 CFD 求解器,能够求解包括基本 CFD 问题,不可压缩或可压缩流体问题及 RANS、LES 模型,浮力驱动流问题,直接数值模拟(DNS)和 LES 问题,多相流问题,粒子跟踪流动问题,燃烧问题,耦合共轭传热问题,分子动力学及化学反应动力学问题,直接模拟蒙特卡洛(Monte Carlo)问题,电磁场问题和固体结构力学问题等;

(3)具有多种 CFD 相关的物理模型和算法,例如多种热力学模型、湍流模型、多相流和燃烧模型等,以及动网格技术;

(4)具有自动网格划分功能,包括支持网格输入文件划分和 STL 文件模型自动化划分(六面体主区域自动化划分),具有网格模型转换程序,支持局部细化自适应网格优化等;

(5)支持并行计算(OpenMPI),不受用户数量和计算规模(除硬件资源外)的限制;

(6)支持 VTK 等多种数据格式后处理结果输出,默认支持使用 ParaView(paraFoam)作为后处理工具;

（7）支持跨平台运行，OpenFOAM 主要以 Linux 操作系统发布，并为 Ubuntu、SUSE 和 RHEL 等发行版提供了预先制作的软件源安装包。对于 Windows 或其他操作系统的使用，则需要利用虚拟机或预先编译；

（8）OpenFOAM 数据结构清晰，且具有完全开放的程序接口；

（9）具有由 OpenFOAM 基金会持续的开发和维护，及世界范围内社区用户的开源贡献。

使用者可以充分发挥 OpenFOAM 的灵活性，使用 C＋＋标准语法，直接调用 Open-FOAM 提供的程序库，包括各种数据类型、操作方法和运算程序，建立求解目标问题的求解器，还可以手动修改基础物理模型和数值算法，开展 CFD 相关的理论研究和模型开发。

另外，随着使用 OpenFOAM 并开展 CFD 研究的人员越来越多，考虑到为一些不熟悉终端命令行的用户更好地使用 OpenFOAM，提高文本操作的便捷性，众多开发者或公司专门为 OpenFOAM 开发了界面化的前处理软件，例如 Discretizer、HELYX－OS 和 Sim-Flow。专业前处理软件 enGrid 和 Netgen 也包括了针对 OpenFOAM 求解器的输出接口，能够直接输出完整的算例文件。

综上所述，OpenFOAM 是一款开源的基于 FVM 的 CFD 求解程序，可以帮助用户建立和求解各类 CFD 问题。采用面向对象 C＋＋语言开发的 OpenFOAM 程序语法简洁，结构清晰，完全开放，提供了众多可用于 CFD 数值计算的程序库。用户可以在此基础上，开发自定义的物理模型和求解程序，用于求解特定 CFD 问题。正是由于以上特点，OpenFOAM 已经成为目前比较流行的一款开源 CFD 求解程序。

24.2　起源与发展

追根溯源，OpenFOAM 源自 FOAM 程序。FOAM 是一组用于场（张量）操作和运算的程序，其名称即来自 Field Operation And Manipulation 的缩写。FOAM 最早由英国伦敦帝国理工大学（Imperial College London，UK）的 Henry Weller 和 Hrvoje Jasak 等众多研究者组织开发用于学术研究，起始于 20 世纪 90 年代初。开发一直持续到 2004 年，随后 FOAM 主体程序更名为 OpenFOAM，并采用开源方式对外发布。OpenFOAM 于 2004 年 12 月 10 日发布 1.0 版本，至今已发布到 2.3 版本系列。目前，最新版本为 2.3.1 版（2014 年 12 月）。

另外，除 OpenFOAM 基金会和 ESI 官方版本的 OpenFOAM 外，OpenFOAM 还包括开源社区版本程序，称为 OpenFOAM－extend，由 Wikki 维护。开源社区版与官方版 Open-FOAM 是并行开发的。但是，只有经过严格测试和符合官方版本开发要求的工具、模型代码或程序更新才能够进入官方版本。

　　总之,不论是 FOAM 还是随后的 OpenFOAM,众多研究人员和开发维护人员付出了极大的努力,使得 OpenFOAM 在学术研究和工程实践上得到了持续的开发和维护。

24.3　安装

　　OpenFOAM 为 Ubuntu 提供了软件源安装包,用户可以通过 Ubuntu 软件中心进行安装和配置。通过软件中心搜索 OpenFOAM(如图 24－1 所示),点击对应版本软件安装即可完成软件安装和自动配置。

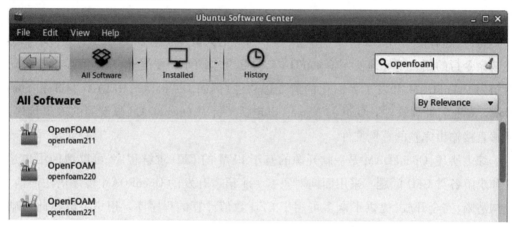

图 24－1　Ubuntu 软件中心安装 OpenFOAM

　　也可以通过 apt－get 方式安装软件。在终端命令执行代码如下:

```
$  sudo apt – get install openfoam
```

　　尽管 OpenFOAM 没有发布针对 Windows 操作系统使用的程序版本,但是,如果需要在 Windows 操作系统中使用 OpenFOAM,可以通过相对复杂的交叉编译完成程序编译和运行。目前,在线资源已经提供第三方编译的 OpenFOAM 支持的 Windows 系统运行版本,例如 blueCFD 公司提供的 blueCFD 和基于 Cygwin 编译的版本,可以完成大部分Linux 版本 OpenFOAM 的求解器和工具功能。

24.4　开始使用

　　OpenFOAM 提供了求解 CFD 问题的基础程序库,主体框架结构包括前处理模块(几何建模工具及网格划分),求解模块(标准及自定义求解器)和后处理模块(可视化及其他)(如图 24－2 所示)。

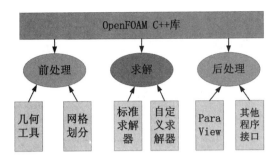

图 24 - 2　OpenFOAM 程序库架构

以 OpenFOAM 2.3.0 为例。依据 OpenFOAM 程序开发习惯,一般程序文件都以核心用途作为名称结尾,例如网格划分工具的 Mesh 和求解器程序的 Foam,名称中还包含关键字信息,方便用户分辨和使用这些程序。例如 *laplacianFoam* 是针对 Laplace 方程的求解器,*blockMesh* 是用于多块多区域划分的工具。如 *fluentMeshToFoam* 是转换 Fluent 网格到 OpenFOAM 的程序,*foamToVTK* 是将 OpenFOAM 计算结果转换为 VTK 格式的程序。统一的命名方式和习惯也在一定程度上方便了用户使用。

OpenFOAM 标准求解器包括针对瞬态和稳态,可压缩和不可压缩流体,多相流,传热与浮升力流体,DNS,燃烧与化学反应动力学问题,电磁场和固体力学问题的标准求解器。使用者可以通过软件手册了解和熟悉这些求解器,也可以通过原始代码进一步的学习和借鉴,开发满足自身需要的自定义求解器。几种常用的标准求解器如表 24 - 1 所列:

表 24 - 1　OpenFOAM 常用求解器

名称	用途
laplacianFoam	求解 Laplace 方程
potentialFoam	求解 Navier - Stokes 初始场
boundaryFoam	稳态不可压缩一维湍流流体求解器,可用于生成边界层网格
icoFoam	瞬态不可压缩层流流体求解器
pimpleFoam	瞬态大步长不可压缩流体求解器(采用 PIMPLE 算法)
pisoFoam	瞬态不可压缩流体求解器
simpleFoam	稳态不可压缩湍流流体求解器
rhoPimpleFoam	瞬态可压缩流体求解器
rhoSimpleFoam	稳态可压缩流体求解器(采用 SIMPLE 算法和 RANS)
compressibleInterFoam	可压缩绝热两相流流体求解器(采用 VOF 界面捕捉方法)
interFoam	不可压缩绝热两相流流体求解器(采用 VOF 界面捕捉方法)
multiphaseEulerFoam	多相可压缩流体求解器,包括传热模型

续表

名称	用途
dnsFoam	DNS 求解器
engineFoam	内燃机缸内流动流体求解器
fireFoam	燃烧及湍流扩散瞬态流动求解器
rhoReactingFoam	燃烧及化学反应动力学密度求解器
buoyantBoussinesqPimpleFoam	瞬态不可压缩湍流及浮升力流动流体求解器
buoyantPimpleFoam	瞬态可压缩湍流及浮升力流动流体求解器
chtMultiRegionFoam	流固区域共轭耦合传热求解器

OpenFOAM 还包括各种前后处理辅助工具和网格划分程序。常用的程序如表 24 - 2 所列。

表 24 - 2 OpenFOAM 常用辅助工具与网格划分程序

名称	用途
applyBoundaryLayer	边界层网格施加程序
mapFields	映射网格及场变量程序
setFields	设定场变量程序
blockMesh	自动多区块网格划分程序
extrudeMesh	网格拉伸工具
snappyHexMesh	自动分割及六面体网格划分程序
moveMesh	动网格处理工具
autoRefineMesh	自动加密网格程序
surfaceMeshConvert	面网格转换工具
fluentMeshToFoam	Fluent 网格转换至 OpenFOAM 工具
gmshToFoam	Gmsh 网格转换至 OpenFOAM 工具
decomposePar	并行计算自动分区程序
foamToEnsight	OpenFOAM 结果转换至 Ensight
foamToVTK	OpenFOAM 结果转换成 VTK 格式

除了以上程序,OpenFOAM 还提供了多种场变量、算法和模型程序库,使用者可以在进行 CFD 计算过程中,通过编程调用各种类别以建立对象和方法,实现特定问题的求解。主要有场变量类、FVM 类(finiteVolume)、求解控制类、后处理类和物理模型类,例如 RAS 模型中包括的 *kEpsilon* 类(用于描述 $k - \varepsilon$ 模型)和 *kOmegaSST* 类(用于描述 $k - \omega$

SST 模型)等。

使用 OpenFOAM 的基本流程依次包括前处理、求解和后处理等步骤。与其他相似的数值求解器程序(例如 SU2 和 OpenFVM 等)相似,OpenFOAM 是基于 FVM 的数值求解程序,程序本身不包含用户界面。用户首先根据求解问题建立和编辑算例输入卡文件,通过终端命令行执行相应的处理程序或计算程序,完成计算并输出计算结果。

OpenFOAM 采用多个文件构成一个算例文件夹,用来描述求解问题。相比其他程序使用单一或多个文件作为求解输入,OpenFOAM 采用算例文件夹作为输入。OpenFOAM 的算例文件夹结构如图 24 - 3 所示。一个算例构成一个 case 文件夹,子文件有 system 文件夹、constant 文件夹和 Time 文件夹。其中,system 文件夹包含 controlDict、fvSchemes 和 fvSolution 的文件,分别用于定义求解控制变量、FVM 离散算法和 FVM 求解器选择等各种求解相关的设定参数和变量。constant 文件夹包括各类物理参数文件和 polyMesh 网格模型文件夹,其中,polyMesh 网格模型文件夹包括 points、faces 和 boundary 等文件,用于描述网格模型涉及的各种点、面和边界等几何参数。Time 文件夹是以时间序列命名的文件夹,包括各变量对应时刻的数值。对于从 0 时刻开始的计算,0 文件夹内包含的各变量即为初始条件。例如示例算例文件夹中的 0 文件夹。

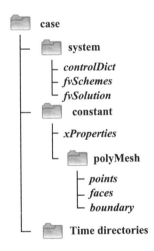

图 24 - 3　OpenFOAM 算例文件结构树

OpenFOAM 全部文件采用 ASCII 文本格式,代码规则采用面向对象的 C + + 语言语法。使用者可以直接使用文本编辑器或集成开发环境(IDE)进行算例文件编辑。如前所述,用户也可以使用很多支持 OpenFOAM 输入文件结构的 GUI 软件进行算例的前处理工作,直接输出即为算例(文件夹)。

下面以 OpenFOAM 用户手册中的顶盖驱动流(cavity)算例为例,介绍程序基本流程和使用方法。与典型的 OpenFOAM 算例文件夹结构相同,算例(cavity)文件夹中包括 system 文件夹、constant 文件夹和 Time 文件夹。其中,system 文件夹包括 controlDict、 fvSchemes 和 fvSolution 三个文件。

使用文本编辑器等软件打开 controlDict 文件。文件中首先用注释方式显示了 Open-FOAM 软件信息,然后建立了 FoamFile 对象,定义子类名称(dictionary 字典类)、位置和文件对象等属性,这样就告诉了 OpenFOAM 程序该文件的用途。然后,使用关键字方式定义各种求解控制变量,例如求解类型采用 icoFoam 求解器,计算开始时间为 0,终了时间为 0.5 s,步长 0.005 s 等信息。文件内容概要如下:

```
/ * – – – – – – – – – – * – C + + – * – – – – – – – – – * \
| = = = = = |
| \\        /   F ield      | OpenFOAM：The Open Source CFD Toolbox
| \\       /    O peration  | Version： 2.3.0

|  \\    /      A nd        | Web：     www. OpenFOAM. org
|    \\/        M anipulation |
\ * – – – – – – – – – – – – – – – – – – – – – – – – – * /


FoamFile {
…
    class         dictionary;
    location      "system";
    object        controlDict;
}
application       icoFoam;
startFrom         startTime;
startTime         0;
stopAt            endTime;
endTime           0.5;
deltaT            0.005;
…
```

另外,system 文件夹中的 fvSchemes 文件描述了离散算法设定信息。与 controlDict 文件类似,头部为注释信息,然后定义 FoamFile 对象。接着,定义 FVM 离散算法各种选项对象,包括定义二阶时间离散 Euler 算法,梯度离散默认采用高斯线性算法,其中,指定压力 p 梯度采用 Gauss linear 等。各种离散算法都需要在此进行设定。fvSolution 文件描述了求解器设定选项,包括文件头信息,求解器对象中压力 P 求解采用 PCG 求解器,U 求解采用 PBiCG 求解器等和 PISO 求解器各类参数等。具体的文件内容和代码注释及算法理论说明可以参考用户手册。

通过以上可以看到,OpenFOAM 算例文件采用统一的结构样式,清晰的列出了各文件功能和目标对象类型,使用关键字和变量的方式进行求解算例的设定。OpenFOAM 程序根据功能需要,读取算例文件并执行程序,即可完成计算。

OpenFOAM CFD 计算的对象是计算域及网格模型,通过 blockMesh 等网格划分工具或转换程序可以生成网格。但是,在执行 blockMesh 划分网格之前,需要事先定义计算域几何模型。计算域几何模型由 constant/polyMesh 文件夹中的 blockMeshDict 文件进行描述。打开 blockMeshDict 文件,概要显示如下:

```
...
convertToMeters 0.1;
vertices (
    (0 0 0)
    (1 0 0)
    (1 1 0)
    (0 1 0)
...
blocks (
    hex (0 1 2 3 4 5 6 7) (20 20 1) simpleGrading (1 1 1)
);
boundary (
    movingWall     {
        type wall;
        faces         (
            (3 7 6 2)
...
```

在 blockMeshDict 文件中,除了相似的头部注释信息和文件对象代码外,还包含定义计算域几何模型的对象和关键字。例如用于表明几何尺寸单位转换关系的关键字 convertToMeters,描述几何顶点的 vertices 对象和分块的 blocks 对象,以及表示边界条件的

boundary 对象,其中定义了 movingWall 边界条件为 wall 类型及其所在的面(faces)对象。

通过 blockMeshDict 文件描述了计算域几何模型,通过 boundary 文件描述了边界条件类型和属性及参数。现在可以通过 blockMesh 程序划分网格。调整并以算例文件夹(cavity)为当前目录,在终端命令行执行 blockMesh 命令如下:

```
$ blockMesh
```

程序执行网格划分。划分好的网格存储在文件夹中。可以通过 paraFoam 命令调用 ParaView 程序查看网格,执行命令如下:

```
$ paraFoam
```

启动 ParaView 后,在模型浏览器中打开 cavity. OpenFOAM 模型,使用面—边(Surface With Edges)模式显示模型。程序界面及 blockMesh 划分后的网格如图 24 - 4 所示(为了更好适应显示效果,手动修改了背景等色彩)。可以注意到,网格模型是三维的。需要说明的是,OpenFOAM 程序直接计算三维求解域,对于类似本算例的二维求解域,网格划分时在不求解的方向边上定义为一个单元。数值求解时则不计算这个方向上的变量,实现二维问题的求解。

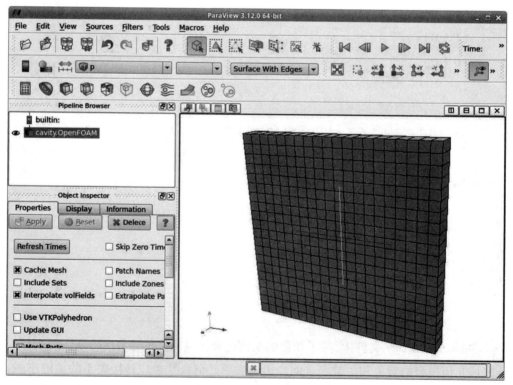

图 24 - 4 ParaView 显示 blockMesh 网格

　　网格模型划分完成后,根据需要修改 system 文件夹和 constant 文件夹中的相应文件,调整离散算法和求解控制参数等,并在初始时间文件夹中(如果初始时刻为 0,则使用 0 文件夹)定义变量数值,以建立计算初始条件。

　　至此就完成了前处理工作。其后,即可执行 controlDict 文件指定的 icoFoam 求解器进行算例求解。进入算例文件夹目录,在终端命令行执行命令如下:

```
$ icoFoam
```

　　在求解器运行过程中,计算信息会依次显示在终端窗口中,如图 24 - 5 所示。

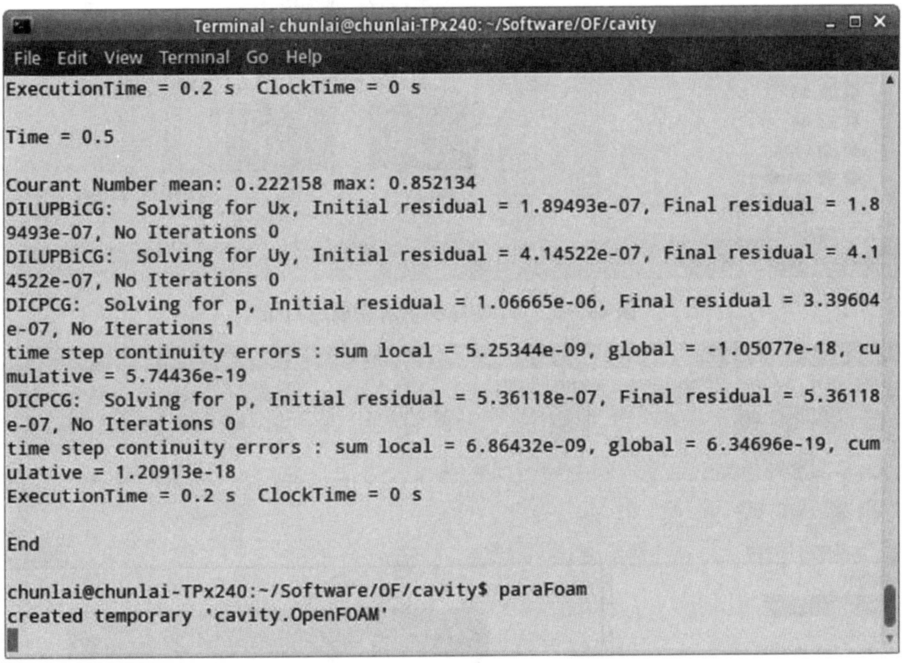

图 24 - 5　icoFoam 求解过程

　　计算完成后,在算例时间文件夹中会出现以时间步序列命名的文件夹及其中的变量文件(如图 24 - 6 所示),用户可以查看对应时刻的计算结果。

　　计算完成后,使用 paraView 或 ParaView 打开计算结果,可以进行后处理及可视化操作。求解域速度云图如图 24 - 7 所示。除此之外,使用者还可以利用 ParaView 后处理功能,实现多种样式的可视化显示。感兴趣的读者请参考 OpenFOAM 或 ParaView 的用户手册。

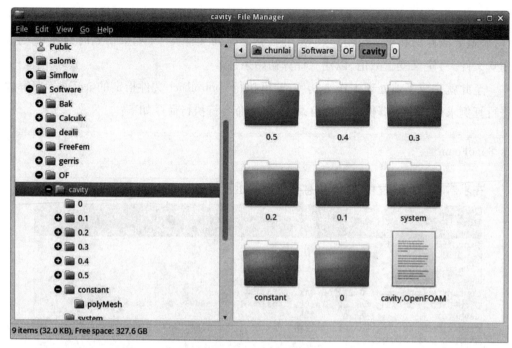

图 24 - 6　cavity 算例求解完成后目录

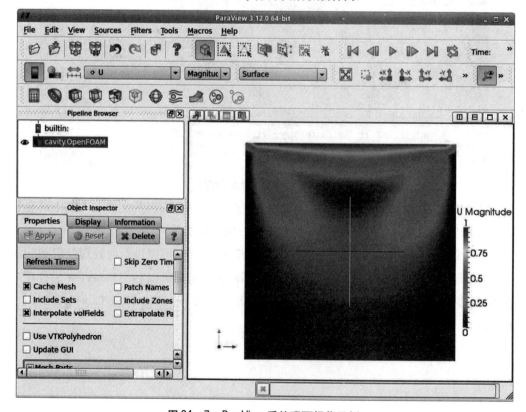

图 24 - 7　ParaView 后处理可视化示例

通过 cavity 的简单算例,用户可以初步了解 OpenFOAM 程序的使用流程和特点。在 OpenFOAM 用户手册中,还包括 cavity 进一步的网格细化和溃坝 dam 等经典算例及教程。另外,OpenFOAM 安装目录的 tutorial 文件夹中包含很多算例,用户可以借鉴参考和学习。

除了采用已有的求解器和工具进行 CFD 计算外,还可以根据自身需要开发求解器程序或工具,例如前面使用的 icoFoam 等。用户可以参考 OpenFOAM 程序开发手册。下面简单介绍一下 icoFoam 求解器的程序构成。可以在原始程序安装包或安装目录 application/solver/incompressible/icoFoam 文件夹中找到 icoFoam. c 文件。icoFoam. c 即是 icoFoam 求解器的主要源文件。使用文本编辑器打开 icoFoam. c 文件,概要显示如下。

从 icoFoam. c 文件可以看到,文件首先以注释形式描述了程序版本和求解器文件的各种信息及用途说明,接着加载 OpenFOAM FVM 核心的 fvCFD. H 文件。然后进入 main 主程序,依次加载 setRootCase. H、createTime. H 和 createFields. H 等文件,实际用于执行相应方法构建的求解问题矩阵,概要包括了设定算例目录、建立求解时间、建立网格模型和场变量及初始化等。

```
…
#include "fvCFD. H"
int main( int argc , char  * argv[ ] ) {
    #include "setRootCase. H"
    #include "createTime. H"
    #include "createMesh. H"
    #include "createFields. H"
…

    while ( runTime. loop( ) )         {
…

    fvVectorMatrix UEqn         (
          fvm::ddt( U)
        + fvm::div( phi, U)
        − fvm::laplacian( nu, U)
    );
    solve( UEqn  = =  − fvc::grad( p) );
…
```

随后开始进行核心计算循环(while 及 runTime. loop),求解方程。icoFoam. c 利用 fv-VectorMatrix 对象建立了速度 U 方程,然后使用 solve 方法进行求解,所示代码最后 6 行表述的方程式为如下:

$$\frac{d^2 U}{dt^2} + \nabla \cdot \varphi U - \nabla \cdot \mu \nabla U = - \nabla p$$

在 OpenFOAM 中利用 fvm 类库中的 ddt、div 和 laplacian 方法和 fvc 类库中的 grad 方法可以轻松的描述控制方程,并进行数值求解。同时,清晰的数据结构和处理流程也为 CFD 前处理提供了便利。OpenFOAM 众多的类库和工具程序,为开发 CFD 求解器、基础模型和进行 CFD 计算提供了极大的方便,也为 OpenFOAM 的推广和流行提供了坚实的基础。

综上所述,OpenFOAM 是一个开源的数值求解程序库,主要用于 FVM 的 CFD 分析。OpenFOAM 自带众多的网格划分、前后处理工具和求解器程序,能够进行多种类型的 CFD 计算。OpenFOAM 还包含多种物理模型、代数和数值计算算法等程序,方便使用者求解典型 CFD 问题等。限于篇幅和表现形式,以上仅仅介绍了 OpenFOAM 的简单示例和流程,并没有深入解释包含文件及其代码功能。

总之,作为完全开放的 C + + 程序库,在 OpenFOAM 良好的程序框架和数据结构基础上,使用者可以灵活的使用其内建的类和方法,方便建立和求解各种类型的微分方程问题以及特殊问题的求解器程序,特别是在 CFD 计算方面。OpenFOAM 得到了持续的维护和技术支持,已经成为一款非常流行的开源 CFD 计算程序。越来越多的研究人员开始了解、熟悉和使用这个软件。这一切都归功于程序开发和技术支持团队以及开源社区的持续维护、努力和奉献。

14.5　在线资源

http://www. openfoam. org

http://www. openfoam. com

http://www. extend – project. de

http://www. cocoons – project. org

http://en. wikipedia. org/wiki/OpenFOAM

http://sourceforge. net/projects/openfoam – mswin

http://www. bluecape. com. pt

24.6　参考文献

［1］OpenFOAM Foundation. OpenFOAM User guide v2.3.0. Feb. 2014.

［2］OpenFOAM Foundation. OpenFOAM Programmer's Guide v2.3.0. Feb. 2014.

25 Scilab

> 开源的科学工程计算软件

25.1 功能与特点

Scilab 是一款开源的科学工程计算软件,主要应用于数值计算,与商业软件 Mathworks Matlab 和开源的 Octave 软件类似。作为一款科学工程计算软件,Scilab 支持丰富的数据类型和函数,用户通过 Scilab 高级程序语言实现可编程的计算程序开发和运行。

Scilab 可以方便的实现各种数学计算、矩阵运算和图形图像绘制等工作,可以应用于基本算术、科学计算、数学建模与仿真及软件开发等各个方面。软件支持 Windows 和 Linux/Unix 等多操作系统平台运行。

Scilab 软件主要功能和特点包括:

(1)采用 CeCILL 许可协议,与 GPL 兼容;

(2)支持基本算术、矩阵运算和图形绘制等科学计算工具,拥有众多运算和绘图功能相关的函数;

(3)支持 Scilab 可编程语言;

(4)采用模块(Module)功能组件管理,支持众多领域功能应用;

(5)支持众多科学与工程数值计算方面的应用。

通过 Scilab 编程语言、内建函数和各种功能模块,以及持续的开发和维护工作,用户可以将 Scilab 软件应用在科学计算、数学建模与仿真、优化、统计分析、控制系统设计与分析和信号处理及数值计算软件开发等各个领域。

软件通过外部附加的模块(Module)方式提供众多的科学计算工具箱。主要工具箱包括:

(1)Xcos,混合动态系统建模工具和仿真平台;

(2)界面程序(GUI)开发、设计和编程工具箱;

(3)数据分析与统计工具箱;

(4)图形图像工具箱;

(5)图像处理工具箱;

（6）优化工具；

（7）控制系统建模与仿真工具箱；

（8）信号处理工具箱；

（9）基本数学工具及算法工具箱，例如线性代数等；

（10）Scilab MySQL 工具箱；

（11）Scilab Java 和.Net 工具箱；

（12）Scilab 核心开发。

随着开发人员的进一步开发，Scilab 还包括一些专业用途的工具箱，例如航空宇航工具箱，控制系统设计，遗传算法和神经网络工具箱，嵌入式系统工具箱和 FEM 工具箱等。

通过 Scilab 不仅可以编程语言而且可以开发计算程序，完成科学计算建模和仿真工作。目前，Scilab 包含近两千多个内置函数。Scilab 可编程语言与 Matlab .m 语言相似，基本特点包括：

（1）基本数据类型包括常数、字符串、多项式（Rational）和表等，支持数组和多维矩阵等；

（2）支持基本运算，运算符与 C 语言和.m 语言相似；

（3）支持数组、矩阵和字符串等数据类型的操作；

（4）包括程序控制语句（选择、循环和判定等）；

（5）支持自定义函数；

（6）支持外部语言程序接口及方法调用 API（Fortran、C、C＋＋和 Java）。

总之，Scilab 是一种高级的程序开发语言，除了具有基本的编程语言功能外，在针对科学计算方面还包含众多的高级函数和功能模块，具体可以通过在线资源进行进一步了解。通过这些模块的支持，可以方便使用者通过 Scilab 进行建模、计算和程序的开发。

25.2　起源与发展

Scilab 的开发始于20 世纪80 年代，由 INRIA 开发的计算机辅助控制系统设计软件，命名为 Blaise。最初开发者为 Francois Delebecque 和 Serge Steer。20 世纪90 年代初更名为 Scilab，并于 1994 年发布第一个公开版本 Scilab 1.1 版。Scilab 的名称源自 Science Lab（科学实验室），也体现了开发 Scilab 的目的。随着软件进一步的开发，后续版本陆续发布。自 2008 年起，Scilab 开始采用，基于 CeCILL 许可协议发布与 GPL 兼容。目前，最新版本为 5.5.1（2014 年 10 月）。随着开发的进一步深入，众多的功能模块被逐渐的开发和引入，Scilab 功能也将更加完善。

需要特别提及的是，为了保证 Scilab 的长远发展，在 INRIA 的支持下，Scilab Enterprises 于 2010 年 6 月成立。自 2012 年 7 月开始，Scilab Enterprises 将完全负责对 Scilab 后续版本的开发与发布。此外 Scilab Enterprises 也提供关于 Scilab 的专业服务与技术支持。另外，在中科院自动化所和法国 INRIA 相关学者共同推动下，Scilab 在中国获得了一定的推广和发展。包括连续多年举办 Scilab 竞赛、推广讲座和学术研讨会等，让越来越多的人了解和熟悉了 Scilab。

25.3　安装

通过 Ubuntu 软件中心搜索 scilab，然后执行安装，即可完成 Scilab 软件安装和配置（如图 25 – 1 所示）。

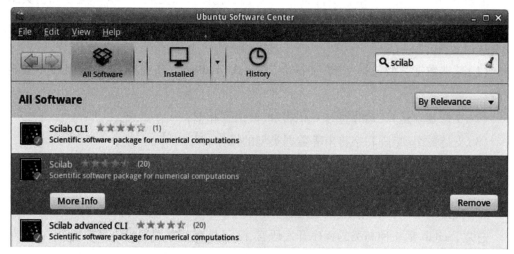

图 25 – 1　软件中心安装 Scilab

可以通过 apt – get 方式安装软件。在终端执行安装 Scilab：

```
$  sudo apt – get install scilab
```

对于其他操作系统安装，下载对应的安装文件后，按照提示完成安装。

与 Matlab 相似，Scilab 采用模块化功能架构。除了核心程序外，Scilab 还包括 Xcos、图像处理、GUI Builder（界面程序设计）等众多其他的功能模块。用户根据需要，通过 ATOMS 菜单方可实现查询和安装。具体将在下一节详细介绍。

25.4　开始使用

安装完成后，通过快捷方式、程序菜单和命令行终端执行"scilab"即可启动软件。软件启动后,进入 Scilab 终端(如图 25 - 2 所示)。

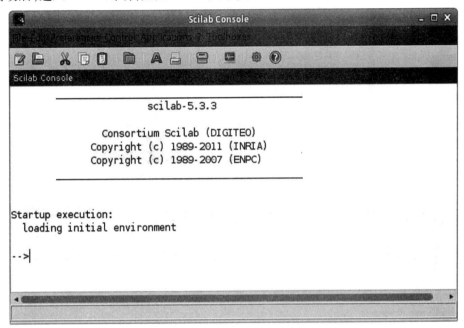

图 25 - 2 启动 Scilab

Scilab 终端界面是一个类似命令行输出的窗口。顶部是标题栏、菜单栏和工具栏。菜单栏包括文件、编辑、设置、控制、应用、帮助和工具箱等菜单。工具栏图标工具包括新建程序、打开、文本编辑、显示字体设置、打印、ATOMS 和帮助等工具。工具栏可以通过选项进行自定义修改。工具栏下部为终端窗口。初始启动后会显示当前版本信息,然后加载初始化环境后显示命令提示符" - - >"。Scilab 程序和命令执行都是在命令提示符后输入和执行的。

基本下拉菜单功能如图 25 - 3 所示。其中,文件菜单包括执行、打开、加载和设定环境变量、改变工作目录、打印和退出。应用菜单包括 SciNotes(代码文本编辑器)、Xcos、Matlab 转换、ATOMS、变量浏览器和命令历史记录等。

简单的说,Scilab 可以认为是一个超级的计算器。对于通用数学运算,可以直接在终端命令提示符后输入运算式,然后直接进行计算(如图 25 - 4 所示)。首先将变量"year"赋值为一个整数"2015",然后将其乘以 2,输出结果"ans"为"4030"。

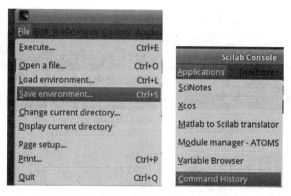

图 25 - 3　Scilab 基本下拉菜单功能示例

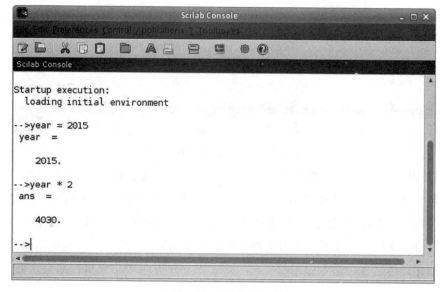

图 25 - 4　通用数学运算

对于复杂的计算过程可以通过程序开发进行详细设计。使用 Scilab 自带的 SciNotes
程序文本编辑器可以进行代码编辑、修改和执行（如图 25 - 5 所示）。SciNotes 编辑器可
以进行文本编辑和修改，以及查找和程序执行等。

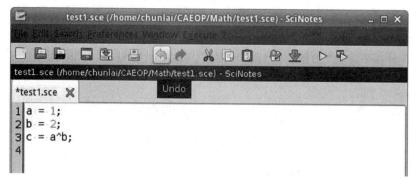

图 25 - 5　SciNotes 示例

作为科学工程计算软件,Scilab 软件具有数据绘图功能。在终端执行一个三维绘图示例(使用 fplot3d 函数),代码如下:

```
x = 1:10;
y = 1:10;
deff('z = f(x,y)', 'z = x * y/2');
fplot3d(x,y,f);
```

执行后,显示绘图结果,如图 25 - 6 所示。通过绘图函数的补充,可以灵活地调整和修改数据绘图。包括绘图标题,坐标轴标注,视图效果和尺寸范围等。

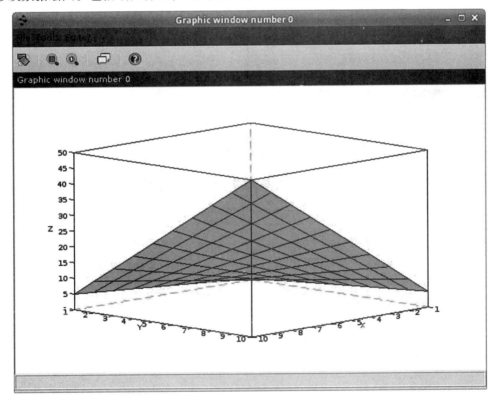

图 25 - 6 Scilab 绘图示例

Scilab 软件的 Xcos 工具箱是用于混合动态系统建模和仿真的工具箱,类似 Matlab 软件的 Simulink 工具箱。通过终端启动 Xcos,Xcos 界面如图 25 - 7 所示。其中,包括两个窗口,左侧是组件浏览器,右侧是工作区窗口。通过组件浏览器(如图 25 - 8 所示)可以看到,现有组件包括连续时间系统组件、离散组件、数学运算符、信号处理、源和汇组件、热工水力组件、电子组件和信号处理等。在建立仿真系统时,通过组件浏览器选择需要的组件,并拖动到工作区中,再通过数据连接线将组件连接起来,即可实现复杂系统的仿真和计算。

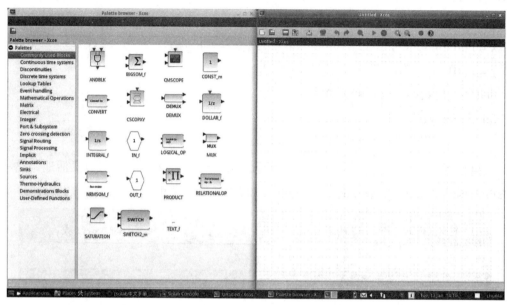

图 25-7　Scilab Xcos 界面

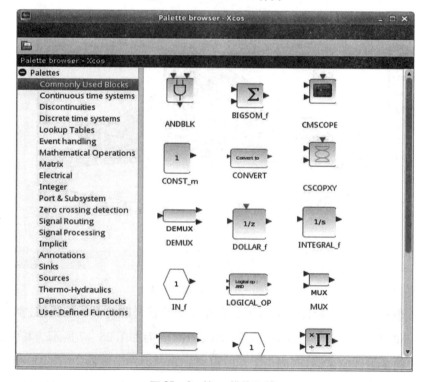

图 25-8　Xcos 模块组件

在 Xcos 中建立了一个简单的示例(如图 25 – 9 所示)。其中,包含正弦信号发生器、常量、时钟和示波器组件。示波器组件可以将结果直接输出到绘图窗口。运行时间约 30 秒,绘图结果如图 25 – 10 所示。

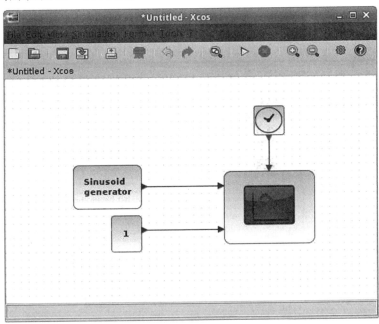

图 25 – 9 Xcos 简单示例

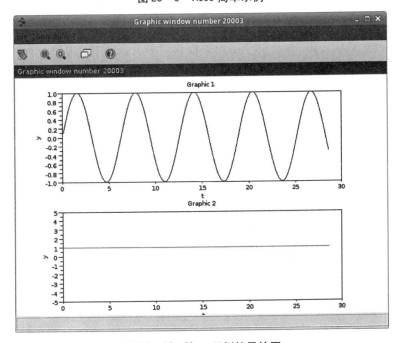

图 25 – 10 Xcos 示例结果绘图

Scilab 软件使用 ATOMS 模块管理器实现功能模块的安装和卸载。打开的 ATOMS 界面如图 25 – 11 所示。从中可以看到很多不同种类的功能模块,例如混合自动机模块、界面设计模块和图像处理模块等。使用者可以选择各种功能模块,然后安装使用。模块信息详细列出了模块开发的作者、版本、在线资源和帮助等各种信息。

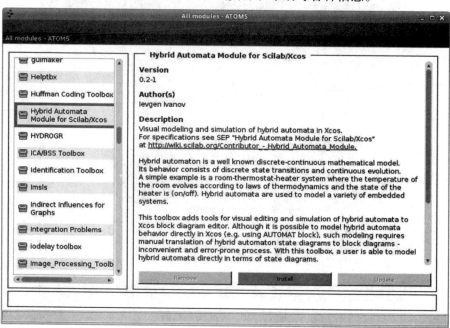

图 25 – 11 ATOMS(Scilab 模块管理器)

以安装和使用 GUI Builder(一个用户界面设计和开发模块)为例。安装完成后,重新启动 Scilab。终端界面初始化后会自动加载模块,并提示可以使用"guibuilder"命令启动模块(如图 25 – 12 所示)。

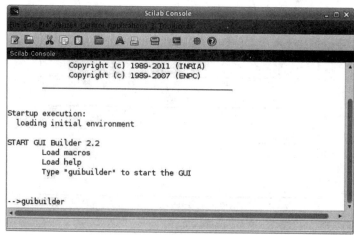

图 25 – 12 重新加载 GUI Builder 启动

GUI Builder 启动后,界面如图 25-13 所示。包括左侧的窗体设计组件选择面板和右侧的设计工作区。窗体组件包括单选按钮、多选按钮、文本框、标签页、窗体、快捷方式列表框。可以在面板中选择相应组件,拖动到工作区中进行设计和后台功能及程序开发。

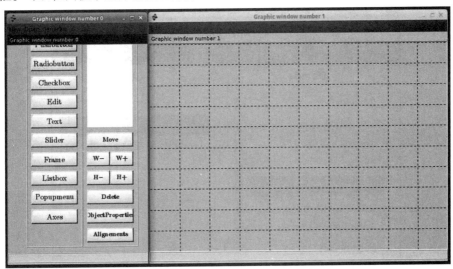

图 25-13　Scilab GUI Builder 界面

Scilab 的帮助系统(如图 25-14 所示),可以通过目录或检索找到帮助信息。

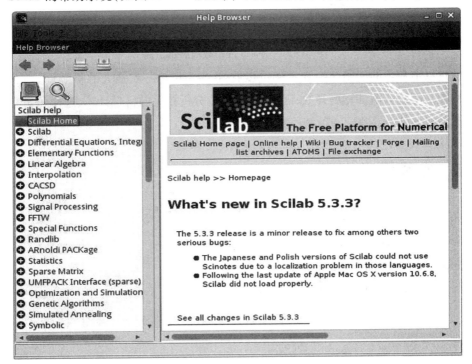

图 25-14　Scilab 帮助系统

　　为了更好的使用户熟悉和了解软件,Scilab 还专门设置各种功能和模块的应用教程展示文件(Demos),如图 25 - 15 所示。使用者根据自己的功能需要,可以打开其中的展示示例,了解各种功能使用方法和特点。

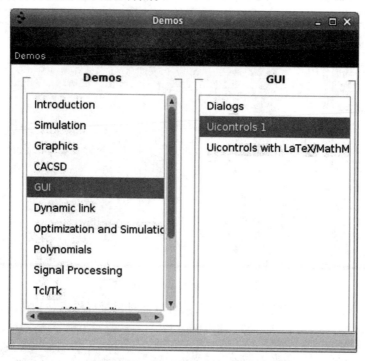

图 25 - 15　Scilab 应用教程展示示例

　　通过以上初步的使用介绍和示例可以看到,Scilab 是一款强大的科学计算软件,其核心功能是围绕数值计算展开的,因此,基于数值分析相关的科学计算、建模和仿真问题都可以通过 Scilab 寻找到一种解决方案。

25.5　在线资源

http://www. scilab. org

http://en. wikipedia. org/wiki/Scilab

http://www. scilab – enterprises. com

http://baike. baidu. com/view/272205. htm

25.6 参考文献

［1］Alain Vande Wouwer and Philippe Saucez；Carlos Vilas. Simulation of ODE/PDE Models with MATLAB，OCTAVE and SCILAB：Scientific and Engineering Applications. New York：Springer. 2014.

［2］Campbell，S，Chancelier J. ‐P，Nikoukhah R. Modeling and Simulation in Scilab/Scicos. New York：Springer. 2006.

26　Octave

开源的科学工程计算程序

26.1　功能与特点

Octave 全称是 GNU Octave,是一款开源的科学工程计算程序,主要用于数值计算。与 Matlab、Scilab 相似,但是,不同于 Maple、wxMaxima(Maxima)等符号计算软件。

作为高级的数值计算软件,Octave 可以用于算术计算、数学建模、数值分析和科学绘图等方面,覆盖各种工程科学计算领域。

Octave 与 Matlab 兼容,支持高级的数值分析与计算函数,具有全面矩阵计算和操作功能,支持复杂的数据绘图和可视化功能(采用 gnuplot 或 OpenGL)。

Octave 支持使用终端命令行方式运行,在软件的 3.8 版本以后提供了用户界面(GUI),采用 C++语言开发,支持 Octave 脚本程序编程。软件支持通过模块化的动态加载外部模块进行功能拓展。

主要功能特点包括:

(1)采用 GPL;

(2)以数据矩阵为基本类型,支持多种数据类型和字符串等;

(3)支持一般算术、矩阵运算和数值分析等各种功能,具有众多的常用数学函数和高级计算函数;

(4)支持采用终端命令行和用户界面多种方式执行(3.8 版本后提供自带的 GUI,之前版本也有多个 GUI 版本支持,例如 QtOctave);

(5)支持多操作系统;

(6)通过模块化加载方式,调用外部功能模块;

(7)支持调用其他语言开发的外部程序;

(8)支持 Octave 语言的程序开发,能够实现复杂的数值计算功能;

(9)支持在线使用 Octave(使用网络浏览器);

(10)持续软件开发和维护。

26.2 起源与发展

Octave 开发始于 1988 年,最早是用于化学反应设计和计算的课程教学辅助工具程序。1992 年,John W. Eaton 开始全面开发 Octave,并于 1993 年发布 1.0 版本软件。目前,最新版本为 3.8.2 版本(2014 年 8 月)。

26.3 安装

以 Ubuntu 为例,通过 Ubuntu 软件中心搜索 octave,找到 GNU Octave 软件,如图 26 – 1 所示。点击安装即可完成安装并实现自动配置。

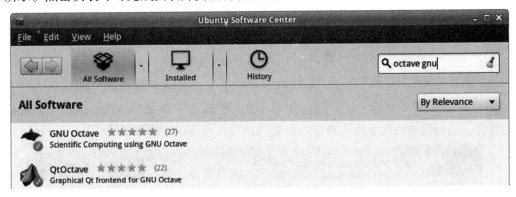

图 26 – 1　Octave 软件中心安装

也可以通过 apt – get 安装 Octave。终端执行命令如下:

```
$ sudo apt – get install octave
```

需要注意的是,由于发布软件更新进入软件源滞后等原因,通过 Ubuntu 软件中心,即软件源安装的软件版本一般都不是最新的发布版本。如果需要安装最新版本,例如 Octave 3.8.2,就需要通过在线资源下载安装文件后,依据软件安装提示进行安装。

26.4 开始使用

以通过 Ubuntu 软件中心自动安装的 3.2.4 版本 Octave 为例,介绍其基本使用功能。

通过菜单栏快捷方式或在终端命令行执行"octave"即可启动软件。进入 Octave 终端(如图 26 – 2 所示)。

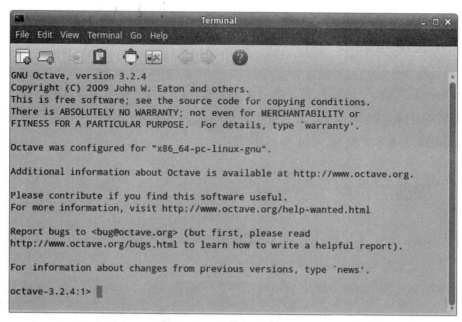

图 26 - 2　Octave 启动后终端

启动后的终端窗口首先显示了软件名称、版本信息和相关提示,随即出现了"octave -
3.2.4:1 >"及尾随的光标。这里就是 Octave 的命令提示符,在此输入算式或程序即可执
行计算。进行简单的数学计算和矩阵定义,如图 26 - 3 所示。

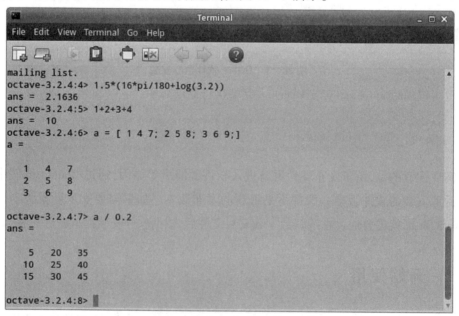

图 26 - 3　Octave 基本计算示例

所示版本的 Octave 采用命令行方式,利用输入"help"和函数名称的方式,可以显示
帮助信息,如图 26 - 4 所示的"help abs"显示绝对值(或模)函数信息。

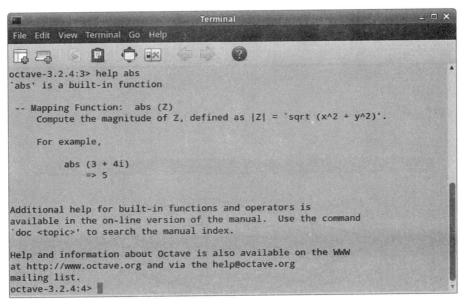

图 26 - 4　Octave 帮助方法

使用 Octave 可以方便进行科学绘图或数据绘图。执行下面所示的代码,进行二维绘图示例如图 26 -5 所示。使用二维绘图的 plot 函数,其他选项均为默认。

```
> a = linspace(0, pi, 100);
>  y = sin(a);
> plot(a,y);
```

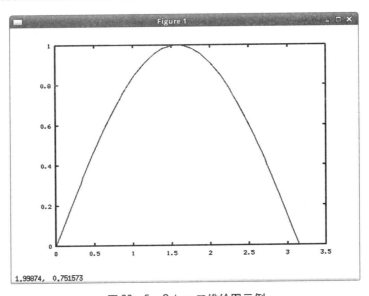

图 26 - 5　Octave 二维绘图示例

执行下面所示的代码,进行三维绘图示例如图 26 – 6 所示。使用三维绘图的 plot3 函数,添加标题文字"3D Plot Try",其他选项均为默认。

```
> z = [0:0.05:10];
> plot3(cos(2 * pi * z), sin(2 * pi * z), z,";3D Plot Try;");
```

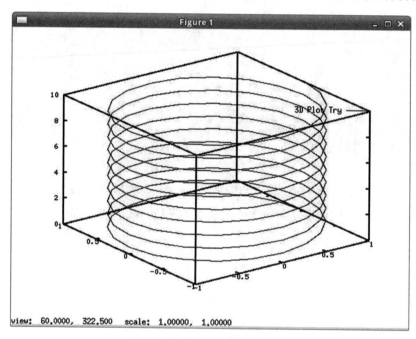

图 26 – 6　Octave 三维绘图示例

执行下面所示的代码,进行多区块多样式的绘图示例如图 26 – 7 所示。使用高级绘图中的 surf、mesh、meshz 和 contour 函数,并分别添加标题文字。其他选项均为默认。

```
> x = 2:0.1:4;
> y = 1:0.1:3;
> [X,Y] = meshgrid(x,y);
> Z = (X - 3).^2 - (Y - 2).^2/2;
> subplot(2,2,1);surf(Z);title('surf');
> subplot(2,2,2);mesh(Z);title('mesh');
> subplot(2,2,3);meshz(Z);title('meshz');
> subplot(2,2,4);contour(Z);title('contour');
```

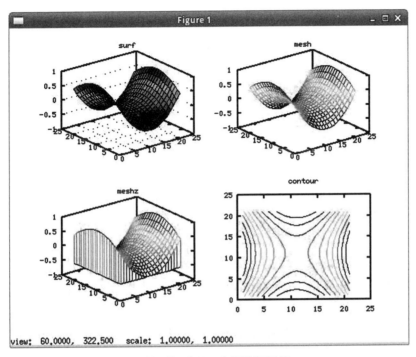

图 26 – 7　Octave 多图绘图示例

通过以上内容,介绍 Octave 的基本功能和绘图函数。Octave 是一个综合性的科学工程计算软件,功能强大,能够满足不同领域方面的数值应用。其内部函数和外部模块众多,篇幅有限不能够详细介绍。使用者可以通过在线资源或实际使用的方式,逐渐熟悉这个软件。

在最新版本 3.8 系列的 Octave 软件中,已经自带了相应的用户界面程序(GUI),可以方便用户更便捷地使用软件。

26.5　在线资源

http://www.octave.org

http://gnu.april.org/software/octave

http://en.wikipedia.org/wiki/GNU_Octave

http://hughesbennett.co.uk/Octave

27　Maxima/wxMaxima

开源的数学符号计算程序及 GUI

27.1　功能与特点

Maxima 是一款开源的数学符号计算程序。Maxima 是基于 LISP 的计算机代数系统，主要用于符号计算，与 Maple 和 Mathematica 功能类似，与长于数值计算的 Matlab、Scilab 和 Octave 则存在显著的不同。

作为长于高级符号计算的程序，Maxima 可以用于公式推导、符号计算、算术计算和科学绘图（使用 Gngplot）等方面，也可用于数值分析和科学计算等。

wxMaxima 是基于 Maxima 的用户界面软件，其计算核心是 Maxima。wxMaxima 采用 wxWidgets 技术实现了 Maxima 程序的界面化拓展。wxMaxima 已经建立在 Windows 版本的 Maxima 程序安装文件中。

Maxima 支持使用终端命令行方式运行。为了更方便使用者使用 Maxima，发挥符号代数运算的可视化优势，开发人员开发了 Maxima 的 GUI 版本，即 wxMaxima。除此之外，Maxima 的用户界面软件还有使用 GTK + 开发的 GMaxima，使用 Qt 开发的 Cantor 和 Imaxima，以及 TeXmacs 和 LyX 等数学公式编辑器。

Maxima/wxMaxima 的主要功能特点包括：

（1）采用 GPL；

（2）具有代数计算、公式推导和符号运算及数值计算等功能；

（3）支持多种数据类型，包括数字、常量、列表和矩阵等；

（4）内建众多的数学计算、列表操作和矩阵操作等函数；

（5）可以采用 ALGOL 类似语言格式进行 LISP 式的程序编程；

（6）采用 Gnuplot 实现多功能多类型的二维和三维数据绘图；

（7）支持外部函数调用；

（8）持续开发和维护。

27.2　起源与发展

Maxima 开发始于 1982 年,由 MIT 的 Bill Schelter 教授开发和维护。软件前身是 DOE - Macsyma,采用 LISP 开发并专用于代数和符号计算。由于版权限制的原因,1998 年后,Maxima 软件被允许对外发布,成为开源软件。随着软件的进一步开发,功能逐渐完善。目前,Maxima 最新版本为 5.34.1(2014 年 12 月)。

wxMaxima 是专门为 Maxima 开发的用户界面软件,与 GMaxima 和 Imaxima 类似。wxMaxima 的主要开发者是 Andrej Vodopivec。

27.3　安装

以 Ubuntu 操作系统中安装 wxMaxima 为例。通过 Ubuntu 软件中心搜索 wxmaxima,找到相应软件(如图 27 - 1 所示)。点击安装即可完成并实现自动配置。

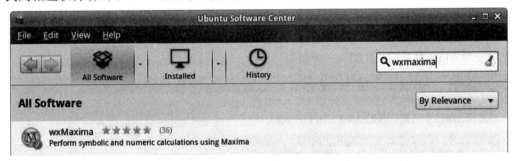

图 27 - 1　Octave 软件中心安装

也可以通过 apt - get 安装 wxMaxima。终端执行命令如下:

```
$ sudo apt - get installwxMaxima
```

对于其他操作系统,可以通过在线资源下载相应软件安装包,依据提示即可完成安装。目前,Windows 操作系统版本的 Maxima 自带 wxMaxima。

对于需要编译安装软件的用户,在安装前需要预先安装支撑程序库,具体可以参考安装说明文档。

27.4　开始使用

软件安装完成后,通过工具栏菜单或命令行程序即可启动软件。启动后的软件界面如图 27 - 2 所示。采用 wxWidgets 的 wxMaxima 界面采用通用界面框架,顶部向下依次为标题栏、菜单栏和工具栏,中间区域为工作区,底部为信息栏。

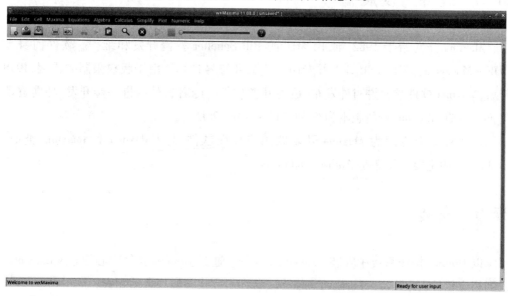

图 27 - 2　wxMaxima 界面

在线资源提供一个 10 分钟入门教程文件(10 minute (wx)Maxima tutorial)。下载后使用 wxMaxima 打开(如图 27 - 3 所示)。

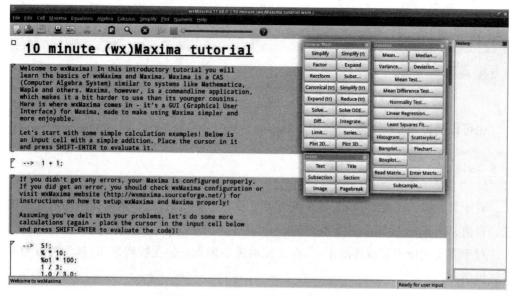

图 27 - 3　wxMaxima 10 分钟教程示例

通过 10 分钟入门教程的简短说明,使用者可以较快的了解和掌握软件的基本功能和用法。图 27 - 3 所示界面的右侧还显示了快捷操作面板,包含各种按钮式的函数工具。使得用户不再需要记忆众多的函数,直接点击工具面板按钮即可直接插入相应函数。

回到界面菜单栏,主要包括元胞菜单(Cell)和 Maxima 菜单(如图 27 - 4 所示)。其中,元胞菜单(对应英文单词为 Cell,可以简单的将每一段连续的 LISP 输入认为是一个元胞 Cell)包括计算、删除输出、插入各种类型元胞和显示历史命令等工具。Maxima 菜单主要是对应 Maxima 的函数和计算功能,包括面板显示、计算中断、重启、清空存储、添加路径、修改函数或变量等工具。

图 27 - 4　wxMaxima 菜单示例(Cell 和 Maxima)

菜单栏的方程和代数菜单(如图 27 - 5 所示)。其中,方程菜单(Equation)包括直接求解、求根、求解线性和代数系统、ODE 和初值问题等。代数菜单(Algebra)包括生产矩阵、转置、求解特征值和特征向量及建立列表等功能。

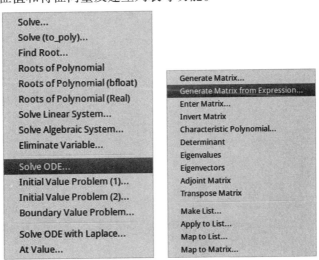

图 27 - 5　wxMaxima 菜单示例(Equations 和 Algebra)

菜单栏还包括计算和简化菜单(如图 27 - 6 所示)。其中,计算菜单(Calculus)包括积分、微分、寻找极值、求和,以及 Laplace 变换等功能。简化菜单(Simplify)包括简化显示、复数因子和获取实部和虚部等各种功能。

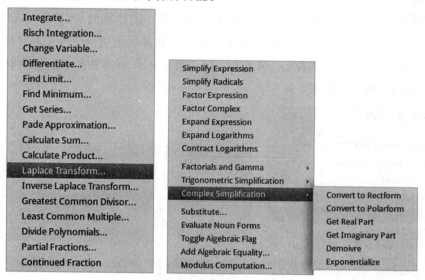

图 27 - 6　wxMaxima 菜单示例(Calculus 和 Simplify)

以上概要介绍了 wxMaxima 菜单栏包括的各种功能菜单,这些功能都直接对应 Maxima 程序提供的运算函数。

在工作区中输入简单的算术式,如下:

```
1 + 1;
testradius: 10  $
testheight: 100  $
testarea: % pi  *  testradius^2;
testvolume: testarea  *  testheight;


f(x)  : =  x^2  +  a $
f(3);
f(3), a  =  - 1;


f(x)  : =  x^2  +  a $
f(3);
f(3), a  =  - 1;
integrate( f(var), var );
```

Maxima 采用"Shift + Enter"组合按键方式,快速执行计算表达式。输入每一段计算表达式完成,执行"Shift + Enter"组合按键方式,即可显示结果。上段运算程序的结果如图 27 – 7 所示。在这个基本运算算例中,计算了一个数学加法式,一个变量乘法式和一个方程代数式及其积分算式。

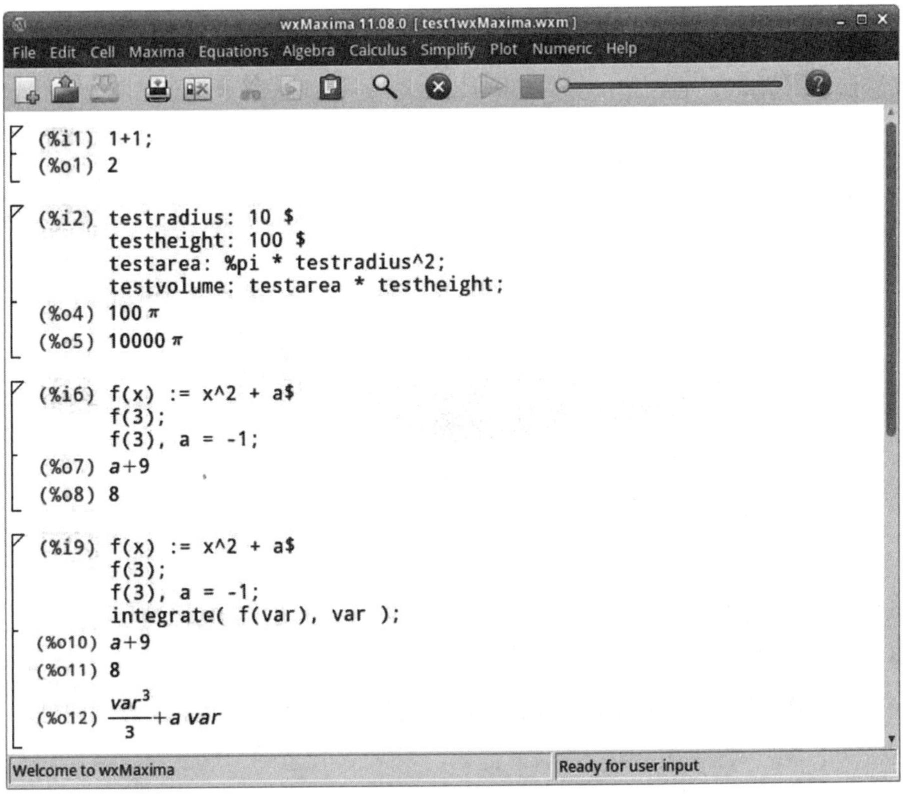

图 27 – 7　wxMaxima 基本运算应用示例

Maxima 应用 Gnuplot 可以实现灵活的二维和三维图形绘制。在工作区输入简单的二维和三维绘图算术式示例,程序代码如下:

```
wxplot2d([sin(x), cos(x)], [x,0, 2 * %pi]);
wxplot3d( exp( – x^2 – y^2), [x, –2,2],[y, –2,2]);
```

输入完成后执行"Shift + Enter"组合按键方式,即可显示结果(如图 27 – 8 所示)。绘图获得的图形可以导出为多种图形文件格式。在这个算例中,绘制了一组正弦余弦曲线和一个三维曲面(云图样式)。

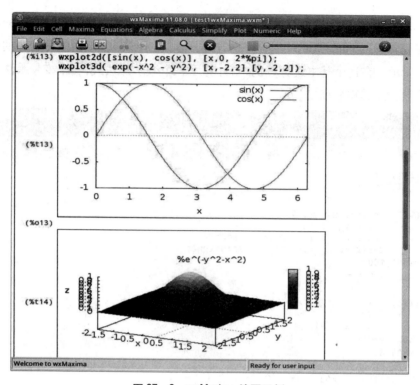

图 27 - 8　wxMaxima 绘图示例

　　wxMaxima 可以通过选项设定修改各种选项，包括界面语言、功能特征、Maxima 设置和风格特征等（如图 27 - 9 所示）。

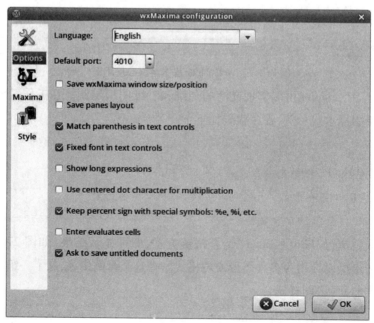

图 27 - 9　wxMaxima 选项设定

wxMaxima 还提供帮助系统(如图 27 – 10 所示)。其核心是 Maxima 的用户手册。可以通过在线帮助系统,浏览和查找各种功能函数,学习基本教程,逐渐的熟悉和深入 Maxima 程序。

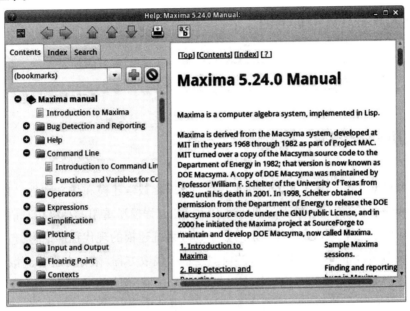

图 27 – 10　wxMaxima 帮助系统

通过以上的简单介绍可以看到,Maxima 功能是十分丰富和强大的。Maxima 为使用者提供了一个开源的代数计算和符号运算程序。wxMaxima 为 Maxima 提供了一个友好的通用用户操作界面。除了 wxMaxima 外,还有很多其他的用户界面工具即 GUI 程序可以支持 Maxima 程序,用户可以根据自己喜好来选择。

27.5　在线资源

http://sourceforge. net/projects/maxima

http://andrejv. github. io/wxmaxima

http://andrejv. github. io/wxmaxima/tutorials/10minute. zip

http://sourceforge. net/projects/wxmaxima

http://en. wikipedia. org/wiki/Maxima_(software)

28　OpenModelica

开源的基于 Modelica 语言的数学建模和仿真软件

28.1　功能与特点

OpenModelica 是一款基于 Modelica 语言的界面化数学建模和仿真软件。其中,核心部分的 Modelica 语言,是一种支持面向对象建模和方程模型重用的高级仿真语言。

Modelica 是一种可用于综合复杂的数学物理系统建模的现代程序语言,包含大量的数学物理模型库(Library)。Modelica 的模型是基于代数方程、微分方程和离散方程以及混合系统进行描述的,支持多物理场多区域的耦合建模,例如包含机械、电子、热、水力、控制子系统的机器人系统。它适合于多领域的建模和仿真,例如机械、电子、热、水力、控制子系统的复杂系统,控制领域,汽车,航空航天领域和电力电子系统应用。

OpenModelica 是由瑞典开发的开源 Modelica 建模软件,是一个高级的交互式 Modelica 开发、建模和应用环境。除了 Modelica 程序语言,OpenModelica 还支持 Python 脚本程序。OpenModelica 软件包括交互式的程序命令终端(OMShell)、程序语言文本编辑器(OMNotebook)、建模可视化界面软件(MOEdit)和优化工具(OMOptim)等子程序,还包括一些外围的辅助工具。这些子程序共同构成了一个完整的基于 Modelica 语言的建模和仿真环境。

除 OpenModelica 之外,支持 Modelica 建模的软件目前有很多,例如商业软件 Dassault System 的 Dymola、LMS 的 AMESim、ITI 的 SimulationX 和 MapleSoft 的 MapleSim 等。

OpenModelica 支持 Windows、Linux 和 Mac 操作系统,对于其他的操作系统,也可以使用 VM(虚拟机)技术实现软件应用。

支持 Modelica 的 OpenModelica 主要功能和特点:

(1)采用 PGLv3;

(2)支持面向对象的多物理场多区域的数学物理模型建模;

(3)支持框图和组建块(Block)的可视化建模方式;

(4)支持全参数化建模;

(5)支持复杂系统建模,例如包括连续时间和离散事件的混合系统等;

（6）自建众多模型库，包括电子电力、机械、流体、电磁、介质材料、热和数学等多个专业领域的模型库；

（7）支持 Modelica 外部语言接口（C 和 FORTRAN77）；

（8）支持并行仿真和 GPU 并行计算；

（9）具有完整的技术支持、帮助系统和文档，包括持续的开发和维护。

总之，Modelica 是一种较新颖的高级的系统仿真建模语言，具有完全面向对象的数学物理建模程序特征，带有众多专业领域的完备的模型库。OpenModelica 为使用者提供了一款开源的 Modelica 交互式运行环境和可视化的框图模型建模环境。

28.2　起源与发展

Modelica 始于 1996 年，由 Hilding Elmqvist 博士最初开发。其 1.0 版本发布于 1997年。目前，最新版本是 3.3 R1（2014 年 7 月）。

OpenModelica 是由 Open Source Modelica 协会（OSMC）和瑞典林雪平大学（Link·ping University）共同开发的，目前由 Open Source Modelica 协会维护。目前，最新稳定版本为 1.9.1（2014 年 10 月）。

28.3　安装

以 Ubuntu 为例安装 OpenModelica。在 Ubuntu 软件中心搜索"OpenModelica"，搜索到软件后执行安装，即可完成软件安装和配置（如图 28-1 所示）。

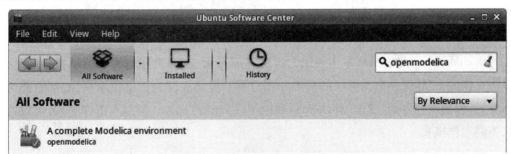

图 28-1　OpenModelica 软件中心安装

也可以使用 apt-get 方式进行 OpenModelica 安装。需要事先加载 OpenModelica 源文件列表，然后载入 GPG 锁钥（Key），最后更新 apt 软件源后执行如下命令，完成安装。

```
$ sudo apt-get install openmodelica
```

　　具体的命令代码请参看在线资源。对于其他操作系统的安装,通过在线资源下载对应的操作系统版本及安装包,参考安装说明完成软件安装。

28.4　开始使用

　　OpenModelica 软件包括多个子功能软件,例如 OMEdit、OMNotebook、OMShell 和 OMOptim 等。其中,OMEdit 是 OpenModelica 可视化图形组件建模的子功能软件,可以实现界面化的框图建模和仿真计算等。以 OMEdit 为例,介绍软件各种功能和示例。

　　OpenModelica 安装完成后,通过程序菜单快捷方式或命令终端输入"OMEdit"即可启动 OMEdit。启动后进入欢迎界面,如图 28 – 2 所示。

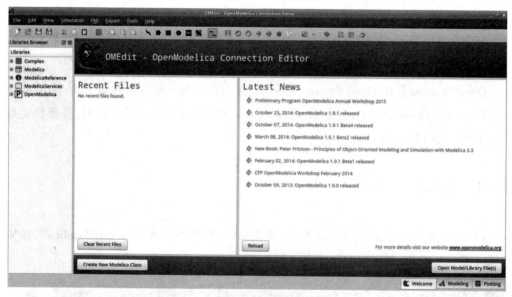

图 28 – 2　OpenModelica 欢迎界面

　　OpenModelica 界面风格采用通用的视窗界面布局,顶部为标题栏和菜单栏,中间区域为工作区,工作区左侧为树状的模型库浏览器。界面底部为信息提示栏,底部右侧为标签栏,包括欢迎界面、建模(Modeling)和绘图(Plotting)标签。通过点击标签栏,可以进入不同工作模式。

　　现在通过点击建模标签进入建模模式,打开模型库文件树 Modelica 文件夹中的示例目录中的 Filter 模型。模型打开后如图 28 – 3 所示。Filter 是一个滤波器模型的例子,其中信号源为阶跃信号(step)。

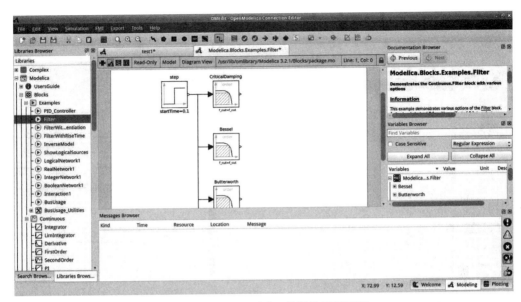

图 28 - 3 OpenModelica OMEdit 界面示例

工作区上部一行同样存在一个标签栏,其中行前面包括了视图、代码和文档等多个小图标,紧跟着后面还有权限、模型、文本和模型文件位置及行列数等信息。点击代码图标,打开该模型的 Modelica 程序代码,如图 28 - 4 所示。

图 28 - 4 OpenModelica 模型对应的 Modelica 程序

从 Modelica 程序代码示例可以看到,OpenModelica 采用可视化框图方式建立的模型一一对应了后台的程序代码。除了界面框图的建模方式,使用者也可以直接使用 Modelica 程序进行建模和仿真。

点击文档图标,可以打开文档浏览器并显示模型对应的文档信息(如图 28 - 5 所示）。文档信息与模型文件是对应的,可以通过 OMNotebook 进行编辑。

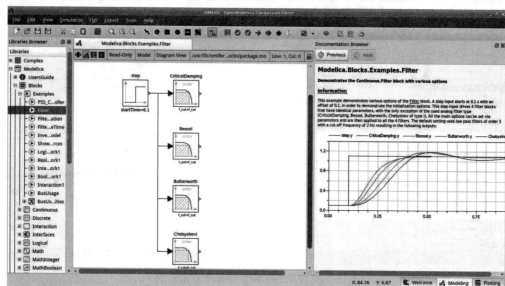

图 28 - 5　OpenModelica 文档浏览器示例

　　模型建立完成,可以通过 OMEdit 的模型检查工具进行检查,并显示模型内部的方程和变量等信息(如图 28 - 6 所示)。滤波器示例模型检查通过,该对象包括 34 个方程和 34 个变量等信息。

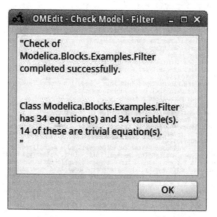

图 28 - 6　OpenModelica OMEdit 模型检查结果示例

　　与其他仿真软件一样,在模型进行仿真计算之前,还需要进行求解设定,包括开始时间、迭代算法、步长、计算方式和输出变量等。通过 OpenModelica 的仿真选项设定面板进行相应的设定,如图 28 - 7 所示。求解顺利完成后,获得的各种变量及其结果将自动存储在模型文件的变量列表中。打开变量列表面板,通过点击底部信息栏右侧的绘图标签(Plot)进入绘图模式(如图 28 - 8 所示)。

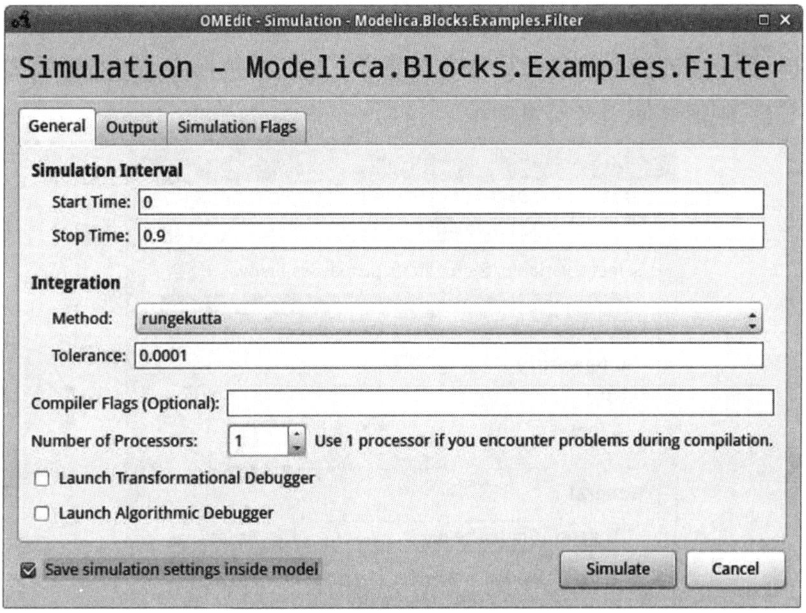

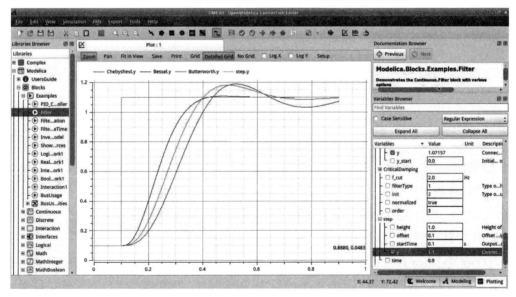

图 28 - 7　OpenModelica OMEdit 仿真设定示例

从图 28 - 8 可以看到,计算结果中的各种变量已经一一列在变量列表中,包括每个变量的数值、描述和说明等。通过选择目标变量,可以绘制结果曲线。

图 28 - 8　OpenModelica OMEdit 仿真结果绘图示例

绘图工作区顶部出现对应绘图功能的标签栏,包括放大和缩小、平移、保存、打印,网格绘制选项、对数坐标和设定选项。点击设定选项标签,可以打开绘图设定面板,从中可以进一步调整绘图特征(如图 28 - 9 所示)。

在图 28 - 9 所示的绘图设定面板中,使用者可以进一步修改变量对象、图标、注释、颜色和线型及宽度等,使得绘制的曲线或图表更加符合用户要求。在绘图选项面板中需要注意的是,其中所列的变量只包括事先在变量浏览器中选择好的变量。若需要添加没有列出的变量,则需要使用者预先选择。

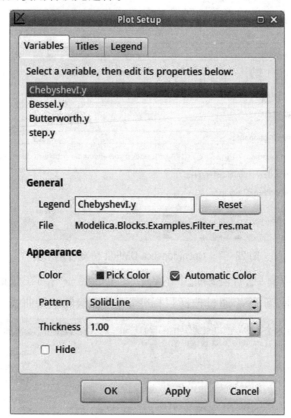

图 28 - 9 OpenModelica OMEdit 绘图选项示例

OpenModelica 自带一个高级的文本编辑器——OMNotebook。它采用层次化的多类型文档混合方式,可以支持不同层次不同分区的文档嵌套,还支持图形图像导入、文字样式和代码自动识别等功能。利用 OMNotebook 打开上面的滤波器示例文档,如图28 - 10所示。其中,以分区的方式包括了标题、界面框图图片和后台 Modelica 代码。方便了用户使用、了解模型和记录各种信息。

OpenModelica 自带很多用于帮助和入门教程的示例模型,如图 28 - 11 所示的一个复杂系统的 PID 控制器模型。在这个模型中,包含扭矩、惯量和刚度及阻尼等机械系统模型,还包含信号发生器、积分和 PI 控制器等控制系统模型。它集中展示了 Modelica 在机械系统和控制系统的混合建模功能。用户可以通过学习这些示例,快速的入门并用于开展建模和仿真工作。

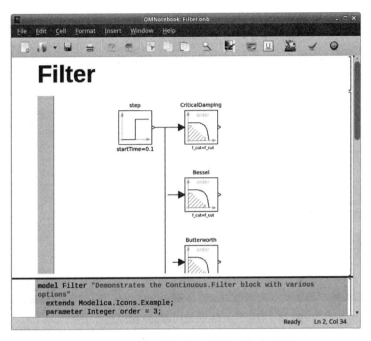

图 28 – 10　OpenModelica OMNotebook 示例

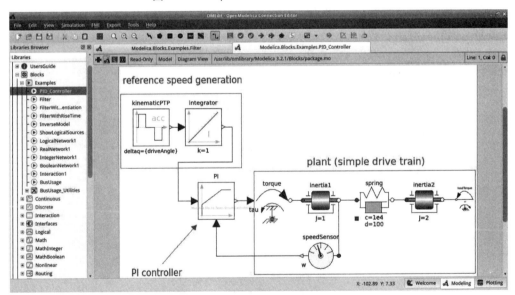

图 28 – 11　OpenModelica 复杂系统教程示例

　　Modelica 自带很多模型,并通过附加模型库的方式进行加载和使用。在 OpenModelica 的模型库浏览器中,可以看到很多不同种类、不同专业模型。用户可以打开模型并浏览其内容。如图 28 – 12 所示的二阶传递函数模型。

　　使用者可以使用这些模型快速方便的构建自己的仿真模型。除此之外,用户还可以通过 Modelica 语言开发自定义模型,以实现建模和仿真定制。

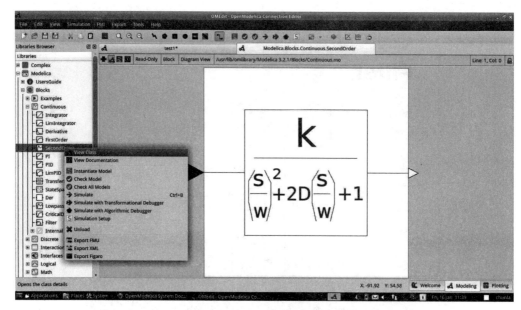

图 28 - 12　OpenModelica OMEdit 编辑组件示例

　　另外,用户还可以通过 OMEdit 选项设定面板(如图 28 - 13 所示),修改软件使用风格,例如界面语言、工作目录、视图风格、模型库属性和默认的绘图风格等。用户可以根据自身习惯和喜好进行设定。

图 28 - 13　OpenModelica OMEdit 设定选项面板

通过以上示例和说明可以看到,以 Modelica 语言为核心的 OpenModelica 软件为使用者提供了一个简单快捷的用户操作界面,使得用户可以实现可视化框图式的混合系统建模和仿真。OpenModelica 支持全部的 Modelica 模型库,是一款出色的使用 Modelica 进行建模、仿真和开发的集成环境。

随着开发的持续,特别是基于 Modelica 高级仿真语言的理论研究和应用技术进一步深入和完善,Modelica 及 OpenModelica 在数学建模、系统仿真和软件开发方面的应用将获得快速发展。

28.5　在线资源

https://www.openmodelica.org

https://www.modelica.org

28.6　参考文献

［1］Peter Fritzson － Principles of Object － Oriented Modeling and Simulation with Modelica 3.3. Wiley － IEEE Press, 2014.

［2］Peter Fritzson, Principles of Object Oriented Modeling and Simulation with Modelica 2.1. Wiley － IEEE Press, 2004.

［3］Hilding Elmqvist. A Structured Model Language for Large Continuous Systems. PhD Thesis. Lund University, Sweden. 1978.

［4］Wladimir Schamai, Lena Buffoni, and Peter Fritzson. An Approach to Automated Model Composition Illustrated in the Context of Design Verification. Modeling, Identification and Control, 35(2):79 － 91, 2014.

［5］Adrian Pop, Martin Sj·lund, Adeel Ashgar, Peter Fritzson, and Francesco Casella. Integrated Debugging of Modelica Models. Modeling, Identification and Control, 35(2): 93 － 107, 2014.

［6］Peter Fritzson, Peter Aronsson, H·kan Lundvall, Kaj Nystr·m, Adrian Pop, Levon Saldamli, and David Broman. The OpenModelica Modeling, Simulation, and Software Development Environment. Simulation News Europe, 44(45), December 2005.

［7］Wladimir Schamai, Peter Fritzson, and Chris JJ Paredis. Translation of uml state machines to modelica: Handling semantic issues. in simulation. Transactions of the The Society of Modeling and Simulation International. Volume 89 Issue 4 April, 2013.

29　R/RKWard

开源的数据统计分析程序及 GUI 软件

29.1　功能与特点

笼统地说,R 语言是一个开源的用于统计分析、数据计算和数据绘图的程序操作和数据处理环境。R 语言是 S 语言的一个分支,R 的语法来自 Scheme。R 与商业的数据统计分析软件 SAS 和 SPSS 等有很多类似之处。

R 语言可以被认为是一种程序语言,即通过 R 语言编程开发,可以实现数据统计、计算分析及绘图的程序化操作。R 语言也可以被认为是一种程序操作和数据处理环境,通过命令行方式调用和使用内建的各种统计分析函数。R 语言环境通过加载包或模块的方式,加载众多的函数工具。

R 语言在统计分析方面具有强大优势,可用于数据统计分析、经济计量、财经分析、人文科学研究、人工智能和科学计算等多个专业领域的应用。虽然 R 语言长于统计分析,但 R 语言在基本数学运算和矩阵处理方面,也具有较快的运行速度,可以与 Scilba 和 Octave 相媲美。

RKWard 是一个采用 C + + 开发的开源用户界面软件(GUI)或集成开发环境工具(IDE),用于辅助用户界面化的操作和运行 R 语言程序,其核心后台是 R 语言环境。利用调用 R 语言环境命令,以完成统计分析等功能。R 语言的全部功能都可以在 RKWard 中实现。

R 语言及 RKWard 软件的主要功能特点如下:

(1)采用 GPL;

(2)支持数据存储和处理,包括数组、向量和矩阵运算等;

(3)具有统计分析工具及函数功能;

(4)支持数据绘图;

(5)支持外部程序或其他编程语言接口调用;

(6)支持多操作系统平台;

(7)持续维护和开发,以及广泛和全面的开源社区技术支持。

除了 RKWard 软件外,支持 R 语言的 GUI 或 IDE 还包括 RStudio、R Commander、Deducer、RGUI、Rattle 和 RWeka 等。使用者可以根据自身习惯和喜好进行选择。

29.2 起源与发展

追根溯源,R 语言是 S 语言的一个分支。R 编程语言源自 1993 年,1.0 版本发布于 2000 年。R 语言的开发者是新西兰的 Ross Ihaka 和 Robert Gentleman。目前,R 语言环境的开发和维护由开发团队承担。最新版本为 3.1.2 版(2014 年 10 月)。RKWard 作为一种方便用户使用的 R 语言界面操作和集成开发环境支持软件,采用 C++语言开发。目前,最新版本为 0.6.2(2014 年 10 月)。

29.3 安装

RKWard 是以 R 语言环境为内核的界面程序,也可称为 R 语言的集成开发环境。RKWard 安装文件包自带 R 语言内核,因此,RKWard 安装完成后即可直接使用 R 语言及其全部功能。

以 Ubuntu 安装 RKWard 为例。在 Ubuntu 软件中心中搜索 rkward,点击安装即可完成软件安装和配置(如图 29 - 1 所示)。

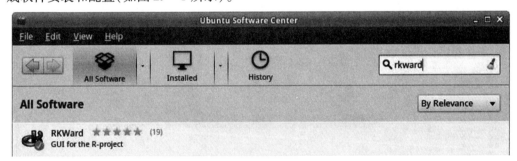

图 29 - 1 RKWard 软件中心安装

可以通过 apt - get 方式安装软件。在终端命令执行代码如下:

```
$ sudo apt - get install rkward
```

对于其他操作系统的安装,用户可以通过在线资源下载对应的安装文件包,即可完成安装。

如果希望单独安装 R 语言环境,采用命令行方式或其他前界面软件工具进行 R 语言开发和应用,可以通过单独安装 R 语言环境。例如首先在系统源列表中增加 CRAN

站点,然后,在终端执行命令如下:

```
$  sudo apt - getupdate
$  sudo apt - get install r - base
```

需要开发并编译 R 语言程序,则需要安装"r - base - dev"程序。

对于其他操作系统和附加包的安装,请详细参考在线资源和 CRAN 安装及包应用说明。

29.4　开始使用

安装完成后,通过程序菜单快捷方式或终端命令输入"rkward"即可启动 RKWard。RKWard 启动过程中会自动加载 R 语言内核。启动完成,进入 RKWard 界面,如图 29 - 2 所示。界面与 SAS 和 SPSS 等商业数据统计分析软件相似。

从图 29 - 2 可以看到,RKWard 界面顶端为标题栏和菜单栏,中间右侧大面积区域为数据表工作区,分上下两部分,上部为变量表,下部为数据表。使用者可以在数据表工作区编辑变量及变量中的数字。

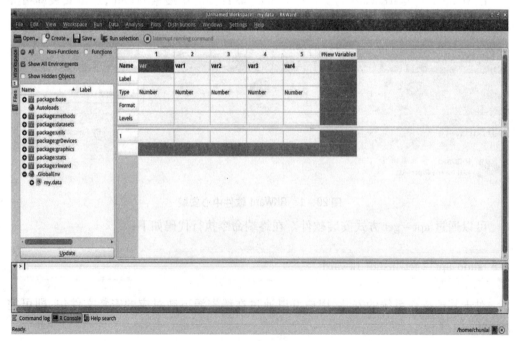

图 29 - 2　RKWard 界面

RKWard 在数据统计编辑和操作数据表过程中,以变量作为基本运算对象,变量则以数组(列向量)的形式表示。

回到图 29-2 所示的界面,数据表操作区左侧是快捷操作面板,包括调用加载包及其函数和方法,以及文件系统显示面板。数据表操作区下部为 R 程序终端命令运行窗口,在此窗口可以直接输入 R 语言程序进行运算和操作。界面最下方为快捷窗口选择标签和信息栏。通过快捷窗口选择标签,可以隐藏或打开命令记录窗口、R 终端面板和帮助系统面板灯。信息栏显示了软件的运行状态和工作目录信息等。

下面以一组简单 R 语言代码应用例子来介绍 R 语言的基本功能、特点和使用方法。

通过快捷面板标签,打开 R 终端窗口面板,并在其中输入简单的算术式,示例代码如下:

```
x <- c(1,2,3,4,5,6)
y <- x^2
print(y)
mean(y)
```

计算结果如图 29-3 所示。上面的示例代码中,首先定义了一个数组 x,然后计算数组 x 的平方并赋值给新的变量 y,然后使用 print 函数显示数组 y,最后使用求平均值函数 mean 获得数组 y 的平均值。

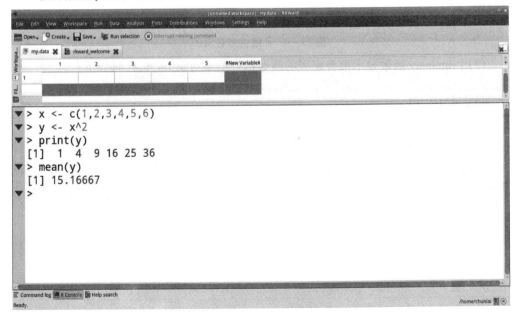

图 29-3　R 基本计算示例

　　除了求均值以外,R 语言自身包含很多高级的数学统计与分析工具。如数学拟合、相关性分析、敏感性分析和误差分析等。对建立的 x 和 y 变量,进行线性拟合,示例代码如下:

```
lm_1 < - lm(y ~ x)
print(lm_1)
```

　　计算结果如图 29 - 4 所示。上面的示例代码中,首先使用线性拟合 lm 函数获得一个线性拟合结果对象(lm_1)。对象 lm_1 包含拟合结果及各种残差等信息。

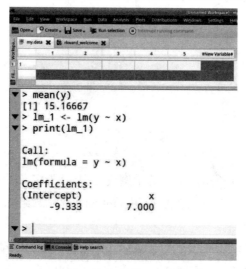

图 29 - 4　R 线性拟合示例

　　使用 summary 函数显示拟合完成的线性拟合结果对象 lm_1,代码如下:

```
summary(lm_1)
```

　　显示结果如图 29 - 5 所示,其中包括线性拟合模型 lm_1 的各种详细信息,包括对应各节点的拟合残差和偏差等。各种信息的具体含义,请参看 R 语言函数说明和帮助手册。

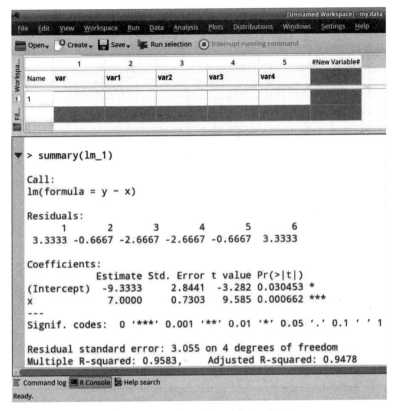

图 29 - 5 R 线性拟合详细结果示例

R 语言具有综合的数据绘图功能,可以绘制各种类型的数据曲线和图形。对前面计算得到的线性拟合结果中的各种参数信息进行绘图,输入以下代码并执行绘图 plot 函数:

```
par( mfrow = c( 2 , 2 ) )
plot( lm_1 )
```

绘图结果如图 29 - 6 所示。在上面的两行代码中,第一行建立了一个二行二列的四组图形布局,然后使用 plot 函数绘制了 lm_1 对象。plot 函数依据 lm 对象特点自动绘制了四组曲线,包括残差、归一化残差和标准差等结果。除此之外,通过 R 语言的绘图函数,用户可以自定义绘制各种类型的二维或三维的曲线曲面等。

RKWard 提供 R 语言操作的用户界面(GUI),通过界面操作和数据输入也可以实现上面的代码功能(如图 29 - 7 所示)。在变量表中设置了两个变量 x 和 y,在数据表中输入 x 和 y 变量的列向量数据。这样就建立了 x 和 y 两组数组(列向量),后续可以使用 x 和 y 变量进行相应的计算和统计分析。

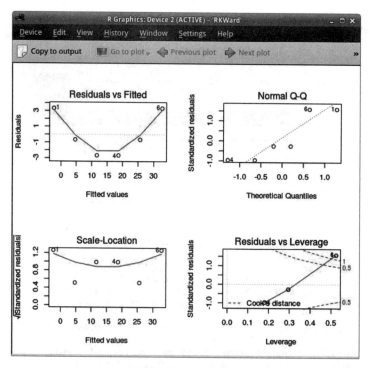

图 29 - 6　R 绘图示例

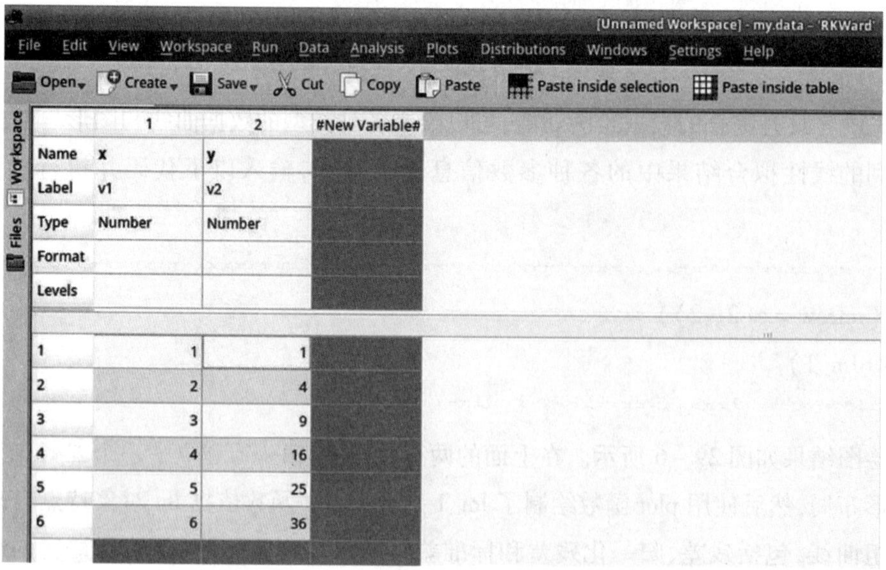

图 29 - 7　RKWard 界面操作示例

对于大量数据的处理,一般采用直接导入软件的方式建立变量。例如对于大规模的数据表,R 和 RKWard 可以读取 TXT 和 CSV 等格式数据,还可通过接口程序导入数据库等。

直接打开 RKWard 一般统计分析面板(如图 29 - 8 所示),选择变量 y。

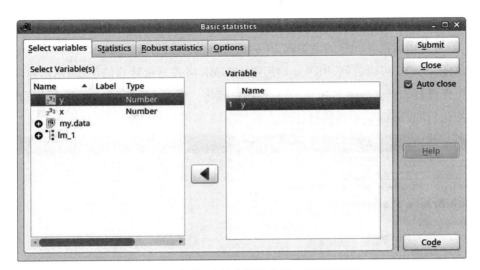

图 29 - 8　RKWard 基本统计分析工具面板示例

然后进入统计工具标签(如图 29 - 9 所示)。选择平均值(Mean)工具。

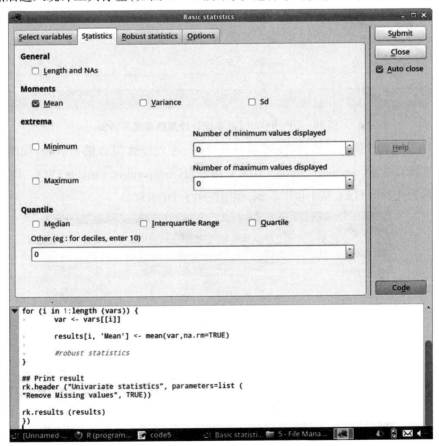

图 29 - 9　RKWard 基本分析面板示例

点击如图 29 - 9 所示的代码(code)按钮,可以显示对应界面操作的 R 程序。可以清楚的看到其中使用了"mean"函数,与图 29 - 3 所示示例代码一致。点击提交(Submit)按钮,即可显示结果。计算结果如图 29 - 10 所示。

从图 29 - 10 可以看到,RKWard 使用了 HTML 格式显示计算结果,输出信息同时记录了工作信息、时间、变量名称、结果和代码链接等。通过 HTML 输出文件中的再次运行链接按钮(Run again),可以进行计算。

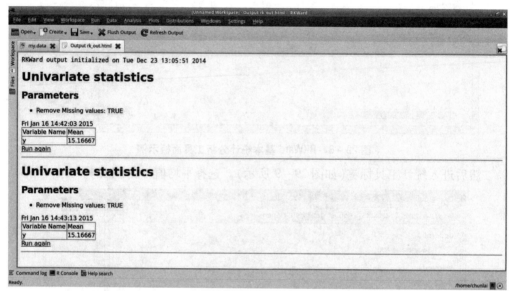

图 29 - 10   RKWard 基本统计计算结果显示示例

使用界面操作进行线性拟合:通过界面菜单,进入线性拟合模型面板,如图 29 - 11 所示。选择自变量(dependent variable)为 x,因变量(independent variable)为 y。同样,下方为执行该操作的 R 代码,从中可以看到,程序使用了 lm 函数。

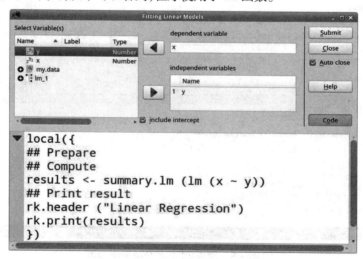

图 29 - 11   RKWard 线性拟合模型操作面板

需要注意的是,在变量选择窗口选择变量时,本示例需要选择 my. data 中的 x 和 y 变量。在 my. data 外面的 x 和 y 变量是之前通过 R 终端命令输入的变量。虽然作为示例的两组变量是相同的,但是,两组变量的产生方式是不同的。对于使用大量数据操作和交互使用 R 终端及 RKWard GUI 操作的用户,则需要主要变量存储位置,建议直接使用变量名称进行区别。

通过 RKWard 的通用绘图面板可以绘制曲线(如图 29 – 12 所示)。操作代码中使用了 plot 函数。用户还可以通过绘图选项(Plot Option)自定义修改绘图样式,包括布局、线型、颜色和标题及坐标轴等各种风格样式。

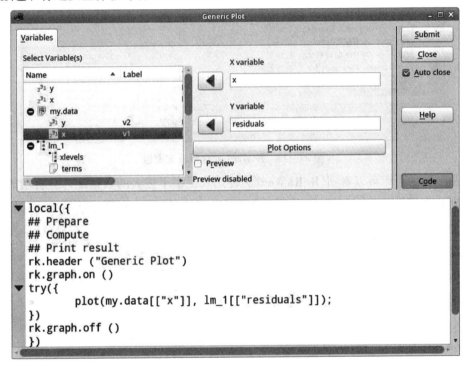

图 29 – 12 RKWard 通用绘图面板

R 语言通过加载包的方式实现函数扩充和功能拓展,与 Scilab、Octave 和 Maxima 等使用函数模块或功能模块拓展相似。除了基础功能和通用函数包以外,随着开发的深入,出现了很多具有特殊功能的额外加载包。用户可以下载和安装这些加载包,使用其中的函数。

RKWard 使用加载包设置面板管理这些加载包,如图 29 – 13 所示。使用者可以通过管理面板工具进行安装、的更新和卸载加载包。需要注意的是,加载包管理面板工具需要通过检索在线软件源实现信息更新,获得更新和下载需要的加载包。根据网络条件,用户可能需要设置在线软件源(Configure Repositories),以确保联网信息完整。

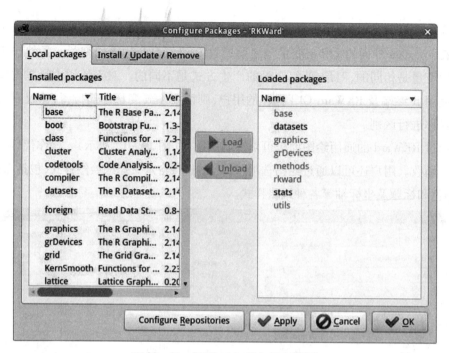

图 29 - 13　RKWard 加载包设定面板

　　从上面的介绍可以看到,R/RKWard 为使用者提供了强大的数据统计分析功能。通过灵活的变量操作,结合已有的众多内建统计分析函数,可以实现复杂的统计分析。采用 R 语言开发的程序通过编译,可以直接生成专用的可执行程序,为用户自行开发相应的统计分析软件提供基础平台。

29.5　在线资源

http://www.r-project.org

http://en.wikipedia.org/wiki/R_(programming_language)

http://sourceforge.net/projects/rkward

29.6　参考文献

[1] Victor A. Bloomfield. Using R for Numerical Analysis in Science and Engineering. Chapman & Hall/CRC, 2014.

[2] Torsten Hothorn and Brian S. Everitt. A Handbook of Statistical Analyses Using R. Chapman & Hall/CRC Press, Boca Raton, Florida, USA, 3rd edition, 2014.

[3] Sarah Stowell. Using R for Statistics. Apress, 2014.

30 NumPy/SciPy

基于 Python 的开源的数学、科学和工程计算程序工具箱

30.1 功能与特点

NumPy/SciPy 是基于 Python 语言开发的开源计算程序或库,更加形象的可以把它们看做是为 Python 补充了专用于数学、科学和工程计算的函数工具箱或方法库。

NumPy/SciPy 包含大量的数值计算函数,方便用户使用 Python 脚本程序语言开发相应的用于数学、科学和工程计算的程序。

NumPy/SciPy 包括多个核心的工具箱,主要有:

(1) NumPy 库,专用于 N 维向量的高级运算工具箱;

(2) SciPy 库,Python 科学与工程计算工具箱;

(3) Matplotlib,二维图形绘制程序;

(4) IPython,增强交互功能的 Python 终端环境;

(5) Sympy,符号运算工具箱;

(6) pandas,数据结构与分析工具箱。

概况的说,主要应用包括代数计算,微分方程求解,符号运算,优化问题,FFT,信号和图像处理,统计分析和科学绘图以及数据库等方面。具体功能和方法及函数等将在后面详细的介绍。

总之,NumPy/SciPy 为 Python 语言程序开发补充了高级的科学计算工具箱,使得更加灵活、方便的实现工程仿真和科学计算及研究。

越来越多的 CAE 软件开始支持 Python 的交互式操作、数据交换和求解器运行控制接口,甚至一些大型的 CAE 软件移植进入 Python 平台,直接采用 Python 语言开发。高级面向对象的 Python 语言语法简洁清晰,结合 NumPy/SciPy 等众多外部提供的全面强大的类库及工具箱,共同为开展数学计算、数值分析和科学及工程计算打造一个良好的基础平台。

30.2　起源与发展

进入 20 世纪 90 年代,Python 程序扩充了在代数运算方面的功能。随着功能扩展,Python 程序在代数运算和数值计算方面的库得到了开发和完善。截至 2001 年,由 Travis Oliphant、Pearu Peterson 和 Eric Jones 合作开发的 SciPy 库正式发布。接着,Fernando Pérez 发布了 IPython,John Hunter 发布了 Matplotlib。随着功能进一步深入扩充,SciPy 拥有了越来越多的工具箱或程序库。

30.3　安装

以 Ubuntu 为例,可以 Ubuntu 软件中心或通过 apt – get 方式完整安装 SciPy。在终端命令执行代码如下:

```
$ sudo apt – get install python – numpy python – scipy python – matplotlib ipython ipython – notebook python – pandas python – sympy python – nose
```

对于其他操作系统的安装,用户可以通过在线资源下载对应的安装文件包,即可完成安装。

对于已经安装 Python 开发环境和 Python pip 管理器软件的用户,可以通过 Python 的 pip 命令安装 SciPy 等工具箱,代码如下:

```
$ pip install numpy scipy matplotlib ipython pandas sympy nose
```

对于使用 Python IDE 的用户,例如 IDLE、PythonWin、PyDev、WingIDE 和 Leo 等,在进行相应的目录和路径设置后可以直接调用 SciPy 等类库文件。

30.4　开始使用

安装完成后,在 Python 环境中可以直接使用 SciPy。在 Python 脚本语言程序开发过程中,可以直接引用 SciPy 及其他库中的方法,完成科学和工程计算。

为了让大家更清楚地了解 SciPy 的功能,将 NumPy、SciPy 和 matplotlib 及 SymPy 等工具箱程序的主要库函数及功能逐一罗列出来(如表 30 – 1、表 30 – 2、表 30 – 3 和表 30 – 4 所列)。

表 30 - 1   SciPy 主要模块

所属库	功能说明	所属库	功能说明
scipy. integrate	积分工具	scipy. spatial	空间数据结构及处理
scipy. optimize	优化工具	scipy. sparse	稀疏矩阵处理
scipy. interpolate	插值工具	scipy. stats	数据统计
scipy. fftpack	FFT 变换工具	scipy. ndimage	图像处理
scipy. signal	信号处理	scipy. io	文件 I/O 操作
scipy. linalg	线性代数	scipy. weave	C/C + + 代码集成

表 30 - 2   NumPy 主要模块

所属库	功能说明	所属库	功能说明
array	数组相关功能	packaging	程序打包处理
ufunc	通用方法、函数	C – API	C 语言调用接口
routine	程序处理与操作方法	SWIG	代码封装

表 30 - 3   matplotlib 主要模块

所属库	功能说明	所属库	功能说明
matplotlib. axis	绘图坐标轴	matplotlib. text	绘图文本
matplotlib. colors	绘图颜色	matplotlib. pyplot	绘图功能
matplotlib. legend	绘图图例	matplotlib. widgets	窗体部件
matplotlib. markers	绘图标记	mpl_toolkits. mplot3d	外部工具 – 三维绘图

表 30 - 4   SymPy 主要模块

所属库	功能说明	所属库	功能说明
sympy. core	核心操作	sympy. physics	物理模型
sympy. functions	基本函数	sympy. printing	打印输出
sympy. geometry	几何建模	sympy. utilities	工具程序
sympy. matrices	矩阵运算	sympy. solvers	求解器程序

限于篇幅和展示方式,在此不再展示示例代码和运行结果。感兴趣的读者可以参考在线资源和参考文献进行进一步的了解和学习。

总之,SciPy 是基于 Python 语言的工具箱,它为程序开发人员提供了众多高级的函数或方法,可以直接使用 Python 语言进行程序开发,用于代数运算、数值分析和科学及工程计算等方面的研究和应用工作。

30.5　在线资源

http://www.scipy.org
http://en.wikipedia.org/wiki/SciPy

30.6　参考文献

［1］Jones, Eric, Travis Oliphant, and Pearu Peterson. SciPy: Open source scientific tools for Python. http://www.scipy.org/. 2001.

［2］Bressert E. Scipy and Numpy: An Overview for Developers. O'Reilly Media. 2012.

［3］Millman K J, Aivazis M. Python for scientists and engineers. Computing in Science & Engineering, 2011, 13(2): 9 – 12.

［4］Mardal K A, Skavhaug O, Lines G T, et al. Using Python to solve partial differential equations. Computing in Science & Engineering, 2007, 9(3): 48 – 51.